BIANYAQI CHANGJIAN GUZHANG
FENXI YU CHULI

变压器常见故障
分析与处理

主　编　闫佳文　刘　哲
副主编　李　鶡　蒋春悦

中国电力出版社
CHINA ELECTRIC POWER PRESS

内 容 提 要

本书采用案例分析方式，通过大量图片分析变压器故障产生的原因，讲述各类故障的分析流程及方法，汇集了各类典型设备的故障处理经验。本书内容包括变压器本体故障、有载分接开关故障、套管故障、外部故障、其他故障，涵盖了变压器各组成部分典型故障，提供典型案例32个。

本书可作为变压器检修专业实操技能培训教材，也可作为变压器故障查找及处理工具书。

图书在版编目（CIP）数据

变压器常见故障分析与处理 / 闫佳文，刘哲主编 . —北京：中国电力出版社，2021.8（2023.8重印）
ISBN 978-7-5198-5485-0

Ⅰ . ①变… Ⅱ . ①闫… ②刘… Ⅲ . ①变压器故障—故障修复 Ⅳ . ① TM407

中国版本图书馆CIP数据核字（2021）第052968号

出版发行：中国电力出版社
地　　址：北京市东城区北京站西街19号（邮政编码100005）
网　　址：http://www.cepp.sgcc.com.cn
责任编辑：孙建英（010-63412369）
责任校对：黄　蓓　朱丽芳
装帧设计：赵丽媛
责任印制：吴　迪

印　　刷：三河市万龙印装有限公司
版　　次：2021年8月第一版
印　　次：2023年8月北京第二次印刷
开　　本：787毫米×1092毫米　16开本
印　　张：10.5
字　　数：228千字
印　　数：1501—2100册
定　　价：58.00元

前 言

为提升变压器检修专业技术人员的技能水平，提高变压器检修专业技术人员对变压器故障的诊断分析能力，更为有效地保障变压器设备的安全稳定运行，国网河北省电力有限公司培训中心以近几年典型变压器故障案例为基础编写本书。

本书侧重于通过大量图片分析变压器故障产生的原因，讲述各类故障的分析程序及分析方法，汇集了各类典型设备的故障处理经验，便于读者更好地理解变压器故障表现形式及故障处理方法。

本书内容包括变压器本体故障、有载分接开关故障、套管故障、外部故障、其他故障，涵盖了变压器各组成部分典型故障。

本书由闫佳文、刘哲主编，由冯超主审。其中第一章本体故障，由冯超、闫佳文、蒋春悦、曹彦红编写；第二章有载分接开关故障，由侯向红、吴强、邹园、邵洪林编写；第三章套管故障由郭会永、郭小燕、王伟、李鶡编写；第四章外部故障由范军辉、王学兵、赵锦涛、王江涛、王宝杰编写；第五章其他故障由郭建勇、李亚东、张志伟、刘哲、陈长金编写。全书由闫佳文统稿，金富泉、国会杰校对。

本书在编制过程中得到了国网河北省电力有限公司张志刚的大力帮助，特此感谢！

本书对变压器检修技能培训具有较强的指导作用，有助于推动一线人员提升专业水平。由于编者水平有限，书中难免存在疏漏或者不足之处，敬请广大读者批评指正。

编者

2021 年 3 月

目 录

第一章 本体故障

案例 1-1

220kV变电站2号变压器内部异物搭接引发的围屏爬电故障

1 情况说明

1.1 缺陷过程描述

2011 年 7 月 27 日，某 220kV 变电站 2 号主变压器在例行油色谱试验中发现乙炔含量突增到 3.51μL/L（上次试验时间为 2011 年 5 月 26 日，乙炔含量为 0μL/L），之后所属供电公司以 7 天为周期连续进行油色谱检测，乙炔含量不断缓慢增长，并长期利用在线油色谱装置进行监测，乙炔长期维持在约 6μL/L。2012 年 4 月 25 日，通过在线油色谱装置发现，乙炔再次出现跃变为 27.8L/L，并再次维持稳定。2012 年 6 月 25 日对该设备开展 A 类检修，发现缺陷原因为 A 相中压侧升高座底部法兰胶垫未完全放进密封槽内，出现部分胶垫咬边现象，随着时间的推移，该部分胶垫脱落，掉落在 A 相中部固定分接引线的支架上，引起悬浮电位放电。

1.2 缺陷设备基本信息

主变压器设备基本信息：

主变压器型号：SFPSZ10-180000/220。

生产厂家：保定天威保变电气股份有限公司（简称保定天威）。

出厂日期：2006 年 7 月 1 日。

投运日期：2006 年 11 月 15 日。

2 检查情况

2.1 缺陷/异常发生前的工况

（1）负荷情况。

2011 年 5 月 25 日至 2011 年 7 月 31 日期间，2 号主变压器在 2011 年 6 月 10 日达到最大负荷，为 91.449MVA，该变压器为 180MVA 设备，因此该变压器没有出现过负荷或重载的情况。2012 年 3 月 23 日最大负荷 102.53MW，出现时间 15：05，最高温度 33℃。2012 年 3 月 24 日最大负荷 110.83，出现时间 8：55，最高温度 44℃。潜油泵没有动作。

（2）不良工况。

2011 年 5 月 25 日至 2012 年 3 月 24 日，该 220kV 变电站没有发生变压器短路等不良工况。3 月 23 日、24 日，天气晴好，没有阴雨及雷电。

（3）其他信息。

该变压器具有低压侧抗短路能力不足的家族性缺陷，属于保定天威抗短路耐受能力不足缺陷变压器的第四档：安全裕度介于 2.1～10。此类变压器的抗短路能力从校核结果来看满足抗短路能力要求，但该类变压器为单螺旋结构并采用了 242 换位方法，在变压器绕组的导线换位处存在薄弱点。按照公司统一要求没有安排返厂轮修，投运以来没有经历过 A 类检修。在 2012 年 3 月 19 日停电检查时，执行了 B 类检修，吊出切换开关部分进行了检查。

2.2 异常情况，缺陷先兆

2011 年 7 月 27 日，该变压器在例行油色谱试验中发现乙炔含量突增到 3.51μL/L（上次试验时间为 2011 年 5 月 26 日，乙炔含量为 0μL/L），之后，该供电公司以 7 天为周期连续进行油色谱检测，乙炔含量不断增长，直至 2011 年 8 月 14 日之后乙炔含量开始稳定在 6μL/L 左右，截止到 2011 年 11 月 24 日为 6.19μL/L，如图 1-1-1 所示，其他油色谱成分也表现出缓慢的增长趋势，但均未超过注意值，如图 1-1-2 所示。

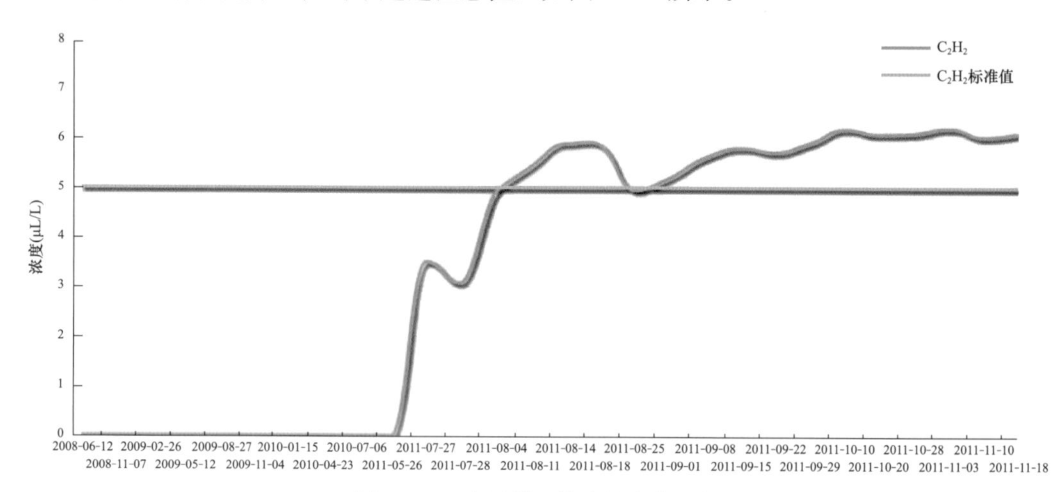

图 1-1-1 变压器乙炔含量变化趋势

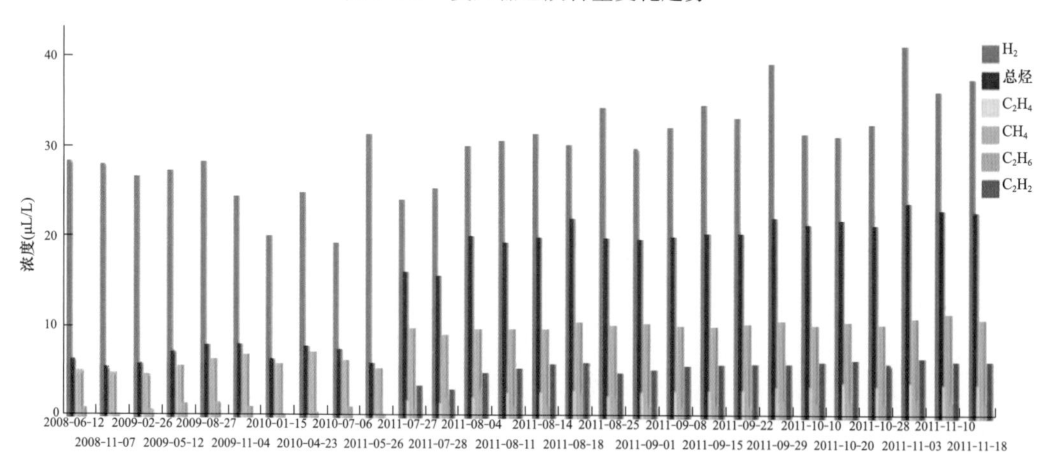

图 1-1-2 变压器油色谱各种气体含量变化趋势

3　原因分析

3.1　油色谱试验数据

2012 年 4 月 25 日，通过监测油色谱在线监测装置发现乙炔达 27.8μL/L。随后，技术人员采取变压器本体油样进行试验分析，实验室两台仪器测试数据均为 23μL/L 左右，三比值法编码为 101，按照 DL/T 722—200《变压器油中溶解气体分析和判断导则》判断为电弧放电。油色历次试验数据如表 1-1-1 所示。

表 1-1-1　　油色谱历次试验数据

试验日期	H_2	CO	CO_2	CH_4	C_2H_4	C_2H_6	C_2H_2	总烃	备注
2011-5-26	31.52	190.77	540.01	5.38	0.35	0.36	0	6.09	
2011-7-27	24.34	264.24	831.43	9.74	2.02	1.02	3.51	16.29	
2011-7-28	25.64	271.87	732.32	9.03	1.73	1.99	3.08	15.83	
2011-8-4	30.15	272.66	686.41	10.07	2.41	3.06	4.88	20.42	
2011-8-11	30.96	273.5	751.22	9.75	2.92	1.44	5.42	19.53	
2011-8-14	31.56	289.11	753.03	9.92	2.98	1.35	5.89	20.14	
2011-8-18	30.52	282.95	795.21	10.53	3.21	2.73	5.87	22.34	
2011-8-25	34.56	288.15	715.58	10.25	2.59	2.25	4.95	19.04	
2011-9-1	30.24	270.56	758.45	10.28	2.98	1.35	5.21	19.82	
2011-9-8	32.38	264.5	718.65	10.22	3.1	1.26	5.62	20.2	
2011-9-15	34.96	264.81	805.53	10.13	3.15	1.42	5.81	20.51	
2011-9-22	33.32	274.84	760.53	10.36	3.22	1.3	5.72	20.6	
2011-9-29	39.57	301.04	738.36	10.78	3.58	2.05	5.91	22.32	
2011-10-10	31.82	256.06	682.22	10.12	3.62	1.68	6.19	21.61	
2011-10-20	31.33	275.25	722.59	10.52	4.01	1.98	6.09	22	
2011-10-28	32.77	260.18	677.22	10.22	3.63	1.52	6.11	21.48	
2011-11-3	41.36	312.12	715.23	11.08	4.01	1.75	6.21	24.05	
2011-11-10	36.4	281.51	633.58	11.29	3.84	1.79	6.03	22.95	
2011-11-18	37.8	377.6	685.3	10.98	3.85	1.81	6.1	22.71	
2011-11-24	34.24	253.18	691.91	10.1	3.8	1.54	6.19	21.63	
2011-12-1	39.94	293.24	742.11	11.77	4.36	1.88	6.38	24.39	
2011-12-5	38.1	277.54	693.72	11.56	4.75	1.92	7.31	25.44	
2011-12-12	35.5	262.76	679.69	10.73	4.32	1.94	7.23	24.22	
2011-12-19	35.13	257.11	699.09	11.27	4.48	1.87	7.22	24.84	
2011-12-23	29.7	225.69	633.83	10.44	4.21	1.82	6.69	23.16	潜油泵开启前
2011-12-23	36.81	259.7	690.08	10.82	4.3	1.76	6.88	23.76	潜油泵开启后 0.5h
2011-12-23	24.42	209.99	659.96	9.63	4.27	1.83	6.38	22.11	1 号潜油泵开放取油样
2011-12-23	26.67	226.88	606.95	10.1	4.38	1.82	6.6	22.9	2 号潜油泵开放取油样
2011-12-23	28.67	234.53	598.33	10.17	4.29	1.91	6.61	22.98	3 号潜油泵开放取油样
2011-12-23	27.32	229.3	690.41	10.34	4.38	1.84	6.73	23.29	4 号潜油泵开放取油样
2011-12-23	23.74	202.04	640.51	9.11	3.93	1.62	5.92	20.58	5 号潜油泵开放取油样
2011-12-23	21.14	192.16	612.15	8.67	3.68	1.57	5.57	19.49	6 号潜油泵开放取油样

续表

试验日期	H_2	CO	CO_2	CH_4	C_2H_4	C_2H_6	C_2H_2	总烃	备注
2012-2-21	35.47	259.75	588.82	11.41	4.11	1.89	5.87	23.28	
2012-3-19	33.82	258.06	548.5	10.9	4.4	1.9	7.2	24.5	
2012-3-21	34.9	227.43	551.9	10.9	509	2.33	7.61	25.9	
2012-4-25	78	259	705	17.2	12.1	3.71	27.8	61	在线监测发现（14：03）
2012-4-26	79.9	261	688	17.3	12.9	3.66	31.4	65	在线监测（13：30）
2012-4-26	80.57	263.36	632.75	19.24	12.82	6.64	23.66	62.36	实验室中分 2000
2012-4-26	80.941	249.868	620.044	18.77	12.443	6.705	23.011	60.929	实验室中分 301

从曲线（如图 1-1-3 所示）中可以明显发现氢气在 2011 年没有发现突变，而在 2012 年 3 月 24 日氢气和烃类呈现阶梯性增长，且目前保持平稳状态。

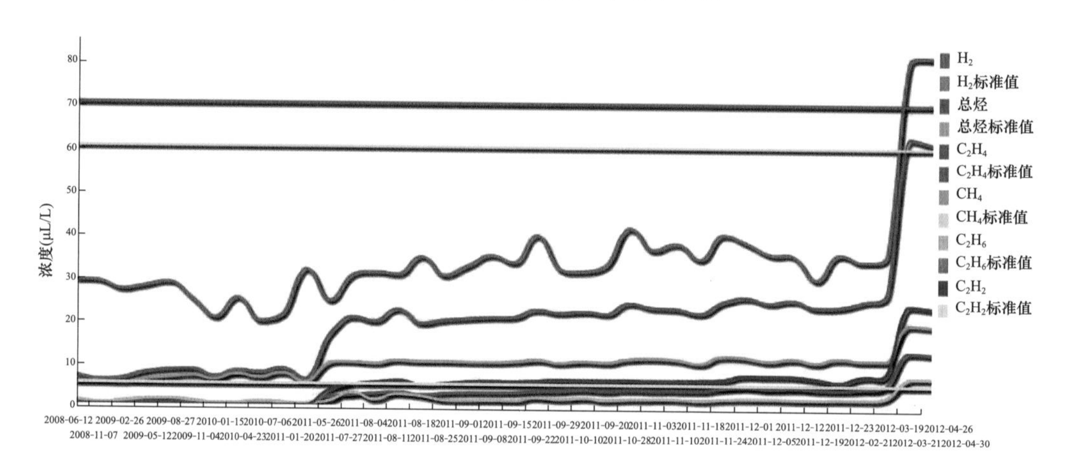

图 1-1-3　氢气及烃类气体变化曲线

3.2 变压器检修情况及分析

（1）潜油泵检查情况。

如果某台潜油泵故障出现低能量放电也会导致本体油中出现乙炔。因此，2011 年 8 月 4 日检修人员现场启动潜油泵进行检查，潜油泵运转良好，未发现异常。并在所有潜油泵启动后的出口位置取样进行色谱分析，分析表明，潜油泵启动前与启动后出口处的油样中乙炔含量基本一致。之后又分别于在 11 月 28 日和 11 月 30 日对潜油泵进行手动运行 1h，运行正常，并进行油色谱分析，乙炔含量没有明显变化，因此可以排除潜油泵绕组短路故障的可能。2012 年 3 月 20 日停电检查试验时发现 3 号潜油泵噪声较大，但并无扫膛等其他异常现象，对 3 号潜油泵启动后的出口位置取样进行色谱分析，与启动前本体油中乙炔含量相同。为了防止其出现故障，对 3 号潜油泵进行了更换。

（2）油纸电容式套管检查。

如果套管绝缘油中由于某种原因含有乙炔，该套管同时存在内漏，乙炔就会进入本体油中。变压器检修专业 2011 年 8 月 4 日初次检查发现 220kV、110kV 共 8 只油纸电容式套管油位正常、一致，经过多次跟踪，套管油位无异常升高或降低变化，2012 年 3 月 20 日，取套管油样分析不存在烃类气体，乙炔含量为0，与前一次数据相同。因此油纸电容式套管内绝缘油均不含乙炔，也没有渗漏的可能。

(3) 有载分接开关检查。

2011年8月4日检修人员现场检查本体油位计指示油位刻度5，有载油位计指示油位刻度4.5，没有发现油位有趋平的趋势，在本体油位高于有载油位的情况下不会出现有载油向本体油渗漏。为了排除是否油位计指示不准造成误判，将有载油位降至4后观察油位是否异常变化。经现场检查和多次跟踪判定，有载油位始终低于本体油位，其油位的变化未见异常。

如果有载分接开关油室内含有大量乙炔的油渗入本体油中，也会导致本体油中出现乙炔，为了进一步判断有载油室与本体之间是否有渗漏点，2012年3月20日，检修人员利用春季停电检修试验机会对2号主变压器有载分接开关进行吊检。有载分接开关为德国MR公司生产的MIII 600Y-123/C-10193W型有载分接开关。芯体吊出后检查正常，开关油室清净残油、擦拭干净后静置2h，利用本体与有载油室油压差检查渗漏情况，2h后检查油室轴封、排油螺钉、油室筒壁、接线座、与本体连接法兰处均无渗油现象。说明油室与本体无渗漏点，本体油中乙炔不是来源于有载油。有载分接开关油室渗漏检查见图1-1-4。

对油枕进行红外测温（见图1-1-5），同样没有油位变化，因此排除有载分接开关油箱向本体油箱内漏引起油色谱含量超标的可能性。

图1-1-4　有载分接开关油室渗漏检查

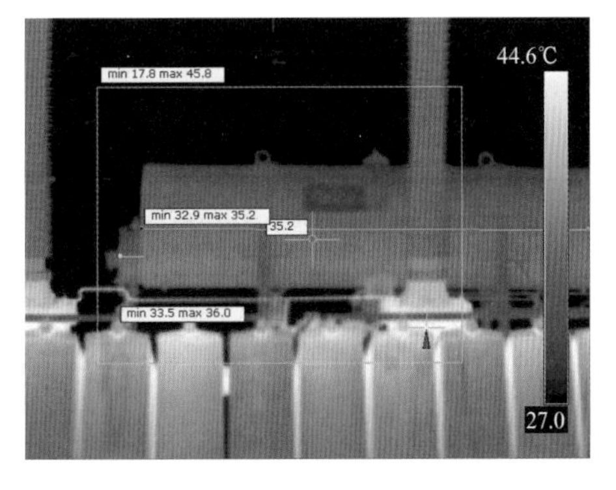

图1-1-5　变压器油枕红外测温

3.3　电气试验数据及分析

2012年3月20日，试验人员对该站2号主变压器进行了例行试验，包括本体及套管介质损耗及电容量试验、绝缘电阻试验，有载分接开关的相关试验。开展的诊断性试验项目包括：主变压器的频率响应法（简称频响法）绕组变形、变压器低电压短路阻抗试验，电容量分解法测试变压器短路情况，均未发现异常。

根据油色谱数据，结合检修情况、停电诊断试验情况等数据综合分析，分析认为：此放电应该属于低能量电弧放电，是一种间歇性放电故障，通常是由悬浮电位引起或油中杂质引起。反映出乙炔含量是突变的，油中一氧化碳、二氧化碳含量没有明显变化，判断故障没有涉及固体绝缘，油中乙炔超标的原因是该变压器受外部电压变化造成内部瞬时高能量放电后，导致绝缘油分解，油中溶解气体组分甲烷、乙烷、乙烯、乙炔均有所增长，其中乙炔含量增长量较大。

3.4 吊罩检查情况

按照计划，2012 年 6 月 25 日该主变压器停电进行 A 类检修，26 日吊开大罩发现 A 相中压侧围屏表面有树枝状放电痕迹（见图 1-1-6），固定 A 相分接引线的支架上部、下部也有放电痕迹（见图 1-1-7 和图 1-1-8），在 A 相中压侧底部支架上发现掉落的部分胶垫（见图 1-1-9），胶垫上有烧蚀痕迹，通过查找发现 A 相中压侧升高座底部法兰外缺少部分胶垫（见图 1-1-10），通过复原发现掉落的胶垫正是此处缺少的部分。

通过查找，其他部位未发现明显放电痕迹。

图 1-1-6　围屏表面树枝状放电痕迹

图 1-1-7　导线支架上部放电痕迹

图 1-1-8　导线支架下部放电痕迹

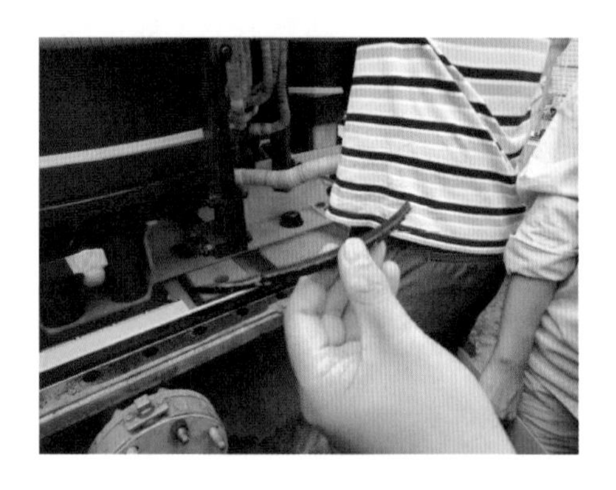

图 1-1-9　掉落下来的胶垫

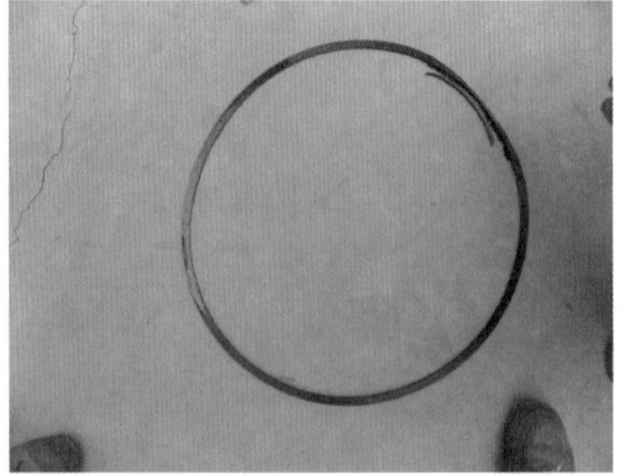

图 1-1-10　A 相中压侧升高座底部法兰处缺少部分胶垫

3.5　缺陷分析

通过吊罩检查情况分析，A相中压侧升高座底部法兰胶垫未完全放进密封槽内，出现部分胶垫咬边现象，随着时间的推移，该部分胶垫老化脱落，掉落在A相中部固定分接引线的支架上，由于胶垫为半导电性质，处于高压与低压电极间并按其阻抗形成分压，在胶垫上产生悬浮电位，胶垫两头附近场强较集中发生放电，使油发生裂解产生气体，放电未涉及固体绝缘，与一氧化碳、二氧化碳含量无明显变化相符。放电后胶垫被烧短，使得与带电部位的距离变大，放电随即停止，这也与乙炔含量突增相符合。

反映出的问题：主变压器安装工艺控制不严，A相中压侧升高座底部法兰胶垫未完全放进密封槽内，出现部分胶垫咬边现象。由于咬边发生在法兰内部，且外部一直未发现渗漏油现象，此类缺陷验收时无法发现。复原后的放电通道见图1-1-11。

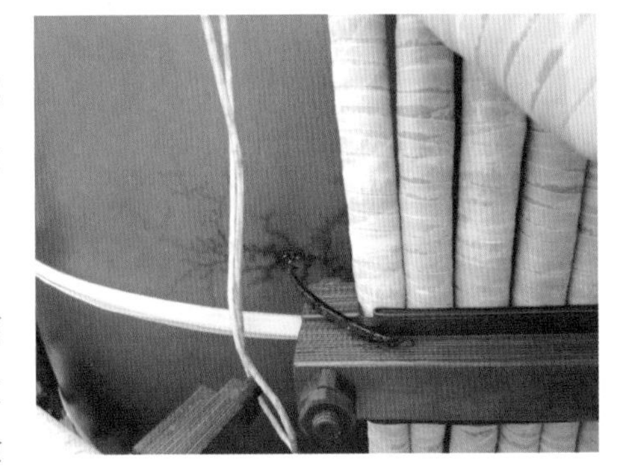
图1-1-11　复原的放电通道

4　采取的措施

裁下放电部分围屏发现放电只发生在围屏表面，未完全贯穿。厂家采取的措施是裁下放电部分围屏，在此处加装一块大于裁下部分的围屏，固定于上下白布带内，锯掉有放电痕迹的部分支架，用白布带缠绕方式固定两块支架（见图1-1-12～图1-1-15）。

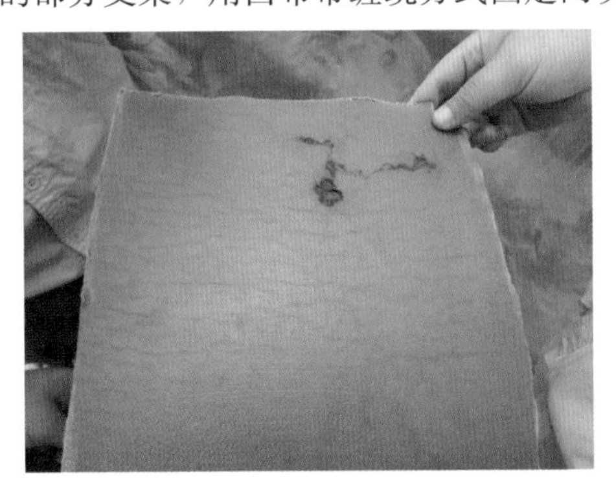
图1-1-12　围屏正面的放电痕迹

图1-1-13　围屏背面未发现放电痕迹

图1-1-14　裁下放电部分围屏

图1-1-15　锯掉放电部分支架

在今后的安装中应做好以下几个方面的工作：一是注意施工工艺，全过程监督设备安装过程，确保施工工艺严格、到位。二是关注变压器设备的油色谱在线监测装置，能够有效监控设备状态，发现设备缺陷和隐患。

案例 1-2

220kV 变电站1号变压器内部异物搭接引发跳闸故障分析

1 情况说明

1.1 缺陷过程描述

2009 年 6 月 20 日 17 时 45 分，某 220kV 变电站 1 号主变压器在运行中重瓦斯保护、差动保护动作，211、111、311 三侧断路器跳闸。

1.2 缺陷设备基本信息

主变压器设备基本信息：

主变压器型号：SFPSZ—120000/220。

生产厂家：保定天威保变电气股份有限公司。

出厂日期：2001 年 12 月。

投运日期：2002 年 6 月。

2 检查情况

2.1 缺陷/异常发生前的工况

故障前 1 号、2 号主变压器高、中压侧并列运行，低压侧分列运行，共带约 9 万 kW 负荷。故障后 301 备自投装置动作，未损失负荷。经查看监控系统变位信息，故障前 1 分 50 秒有油泵启动记录。该主变压器冷却系统投入方式开关在“自动”位置。

（1）2009 年 6 月 20 日 17 时 45 分，1 号主变压器在运行中低压侧套管手孔盖处喷油，（短路强大能量使低压套管下侧手孔盖处 3 条螺栓断裂，手孔盖处变形）1 号主变压器重瓦斯、轻瓦斯保护动作，主变压器本体压力释放阀动作，主变压器三侧断路器跳开。

（2）保护动作及录波情况。

在本次故障过程中，1 号主变压器双套主保护及非电量保护均正确动作，快速切除故障。

保护动作及故障切除时间：故障发生后，保护最快 16ms 动作，66ms 切除故障。表 1-2-1 为保护动作报告。

非电量保护 LFP-974C 的本体轻瓦斯保护信号动作、本体重瓦斯保护跳闸动作。

本次故障中，1 号主变压器的两套 RCS-978EH 主变压器保护及 LFP-974C 非电量保护均正确动作，切除故障；录波器（WGL-12）录波完好。

表 1-2-1　　**保 护 动 作 报 告**

1 号主变压器	
RCS-978EH	RCS-978EH
16ms：AC　差动速断	16ms：ABC　差动速断
18ms：ABC　比率差动	22ms：ABC　比率差动
22ms：ABC　工频变化量差动	23ms：ABC　工频变化量差动

录波情况如图 1-2-1 所示，220kV 录波器、110kV 1 号录波器正确动作。

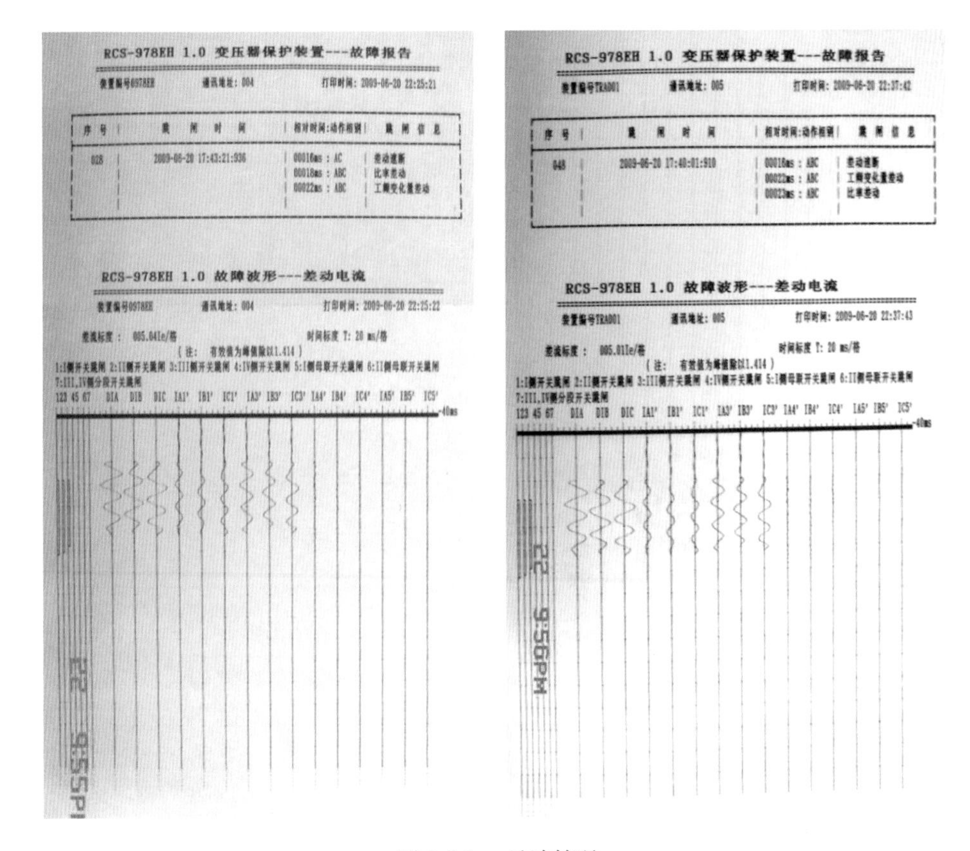

图 1-2-1　录波情况

差动电流、低压侧电流如图 1-2-2 所示。

故障分析：保护动作报告显示 1 号主变压器内部低压侧 AC 相短路后发展成三相短路，经计算高压侧短路电流（一次值）约 855A，中压侧短路电流（一次值）约 2539A，故障点短路电流约 12.9kA，短路电流产生的能量导致变压器低压侧手孔盖变形，变压器喷油，A 相套管受损。

（3）检查情况。

2009 年 6 月 21 日，故障后现场检查发现 1 号主变压器本体低压侧（35kV）套管下部手孔盖因低压侧铜排短路后能量冲击已经变形，其中三条螺栓断裂，变压器油由此部位漏出，主变压器本体压力释放阀动作。使用便携式色谱仪对主变压器本体油进行了色谱分析，

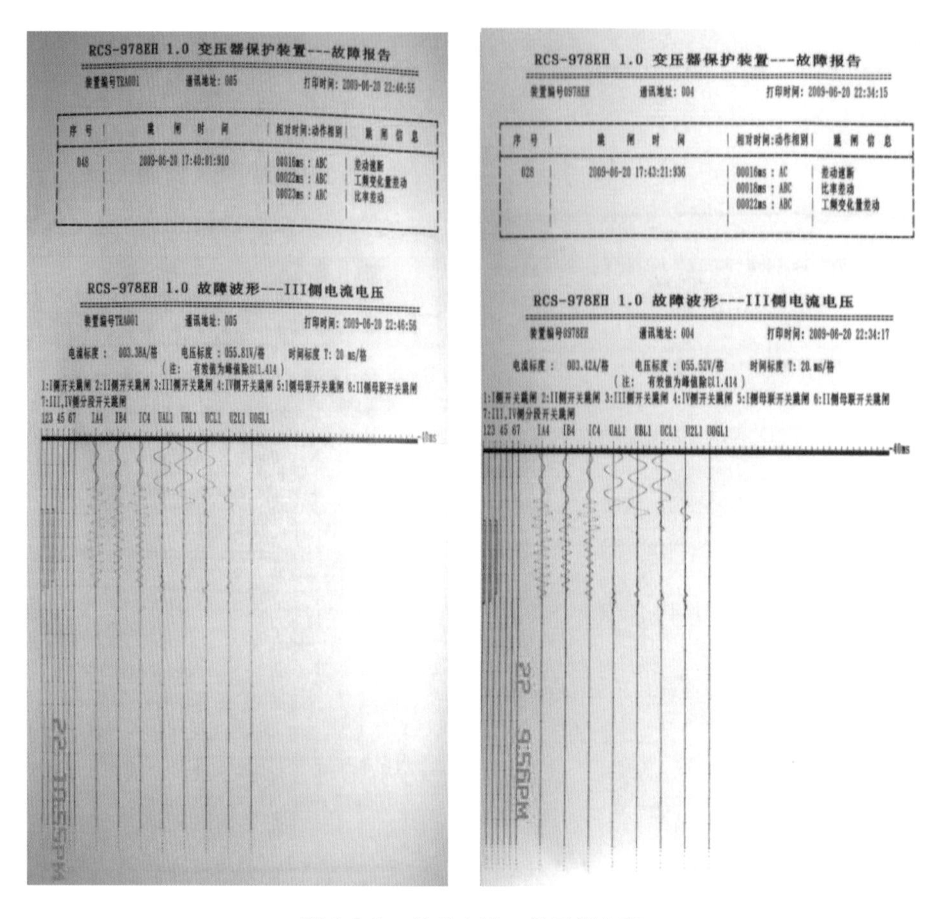

RCS-978EH 1.0 变压器保护装置---故障报告

装置编号TRA001　　通讯地址：005　　打印时间：2009-06-20 22:46:55

序号	跳闸时间	相对时间:动作相别	跳闸信息
048	2009-06-20 17:40:01:910	00016ms : ABC	差动速断
		00022ms : ABC	工频变化量差动
		00023ms : ABC	比率差动

RCS-978EH 1.0 故障波形---III侧电流电压

装置编号TRA001　　通讯地址：005　　打印时间：2009-06-20 22:46:56

电流标度：003.38A/格　　电压标度：055.81V/格　　时间标度 T: 20 ms/格

（注：有效值为峰值除以1.414）

1:I侧开关跳闸 2:II侧开关跳闸 3:III侧开关跳闸 4:IV侧开关跳闸 5:I侧母联开关跳闸 6:II侧母联开关跳闸 7:III,IV侧分段开关跳闸

123 45 67　IA4　IB4　IC4　UAL1　UBL1　UCL1　U2L1　U0GL1

RCS-978EH 1.0 变压器保护装置---故障报告

装置编号0978EH　　通讯地址：004　　打印时间：2009-06-20 22:34:15

序号	跳闸时间	相对时间:动作相别	跳闸信息
028	2009-06-20 17:43:21:936	00016ms : AC	差动速断
		00018ms : ABC	比率差动
		00022ms : ABC	工频变化量差动

RCS-978EH 1.0 故障波形---III侧电流电压

装置编号0978EH　　通讯地址：004　　打印时间：2009-06-20 22:34:17

电流标度：003.42A/格　　电压标度：055.52V/格　　时间标度 T: 20 ms/格

（注：有效值为峰值除以1.414）

1:I侧开关跳闸 2:II侧开关跳闸 3:III侧开关跳闸 4:IV侧开关跳闸 5:I侧母联开关跳闸 6:II侧母联开关跳闸 7:III,IV侧分段开关跳闸

123 45 67　IA4　IB4　IC4　UAL1　UBL1　UCL1　U2L1　U0GL1

图 1-2-2　差动电流、低压侧电流

其结果为：甲烷 94.47μL/L、乙烷 5.57μL/L、乙烯 49.09μL/L、乙炔 73.41μL/L、氢气 3547.96μL/L、一氧化碳 463.9μL/L、二氧化碳 293.07μL/L、总烃 222.54μL/L。根据现场情况和试验结果初步判断变压器内部发生裸金属放电故障。2009 年 6 月 22 日，放油后，从 35kV 手封孔处观察发现，35kV 绕组引线在导流槽处有相间放电痕迹。为了进一步检查故障部位，2009 年 6 月 23 日对主变压器进行了吊罩检查，其故障放电部位如图 1-2-3～图 1-2-6 所示。

图 1-2-3　发生变形的手封盖及断裂的螺栓

图 1-2-4　低压侧铜排的放电痕迹

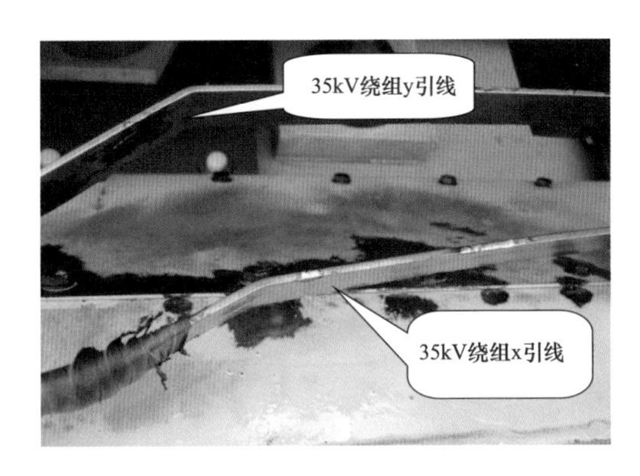

图 1-2-5　35kV 绕组连接铜排放电图片

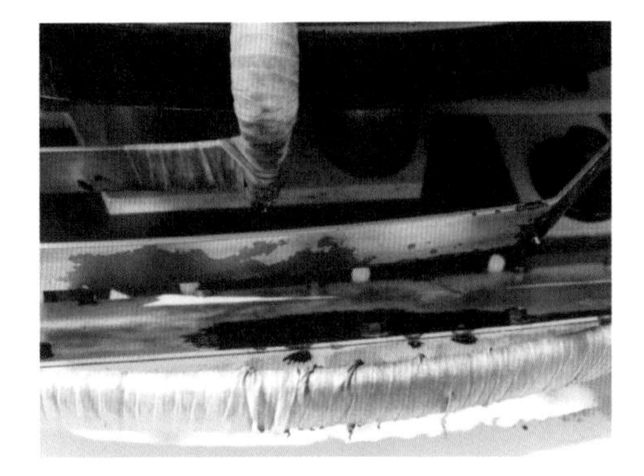

图 1-2-6　铜排短路后上面的附着物

（4）试验情况。

故障后对主变压器进行了高压、油色谱分析、绕组变形（频率响应法）、低电压阻抗和电容量试验。

1）绝缘电阻试验，具体试验数据如表 1-2-2～表 1-2-6 所示（变压器温度表的热电偶与空气相同，变压器上层油温与环境温度相同 29℃）。

表 1-2-2　　绝缘电阻、吸收比及极化指数试验

<table>
<tr><th colspan="2" rowspan="2">参数</th><th colspan="3">绝缘电阻（MΩ）</th><th>吸收比</th><th>极化指数</th></tr>
<tr><th>R_{15s}</th><th>R_{60s}</th><th>R_{10min}</th><th>R_{60s}/R_{15s}</th><th>R_{10min}/R_{60s}</th></tr>
<tr><td rowspan="2">高压—中压、低压及地</td><td>实测值</td><td>4620</td><td>5790</td><td></td><td rowspan="2">1.25</td><td rowspan="2"></td></tr>
<tr><td>换算值（20℃）</td><td>23388.75</td><td>29311.875</td><td></td></tr>
<tr><td rowspan="2">中压—高压、低压及地</td><td>实测值（20℃）</td><td>2590</td><td>4020</td><td></td><td rowspan="2">1.55</td><td rowspan="2"></td></tr>
<tr><td>换算值（20℃）</td><td>13111.875</td><td>16048.125</td><td></td></tr>
<tr><td rowspan="2">低压—高压、中压及地</td><td>实测值（20℃）</td><td>1954</td><td>3170</td><td></td><td rowspan="2">1.62</td><td rowspan="2"></td></tr>
<tr><td>换算值（20℃）</td><td>7635.25</td><td>16048.125</td><td></td></tr>
<tr><td>标准</td><td colspan="6">当绝缘电阻大于 10000MΩ 时吸收比和极化指数仅做参考。吸收比不低于 1.3，极化指数不低于 1.5</td></tr>
</table>

表 1-2-3　　绕组连同套管的介质损耗和电容量试验

<table>
<tr><th rowspan="2">参数</th><th colspan="2">tanδ(%)</th><th colspan="3">C_x(pF)</th></tr>
<tr><th>实测值</th><th>换算值</th><th>实测值</th><th>初始值</th><th>ΔC</th></tr>
<tr><td>高压—中压、低压及地</td><td>0.2</td><td>0.338</td><td>13160</td><td>13570</td><td>−3.02</td></tr>
<tr><td>中压—高压、低压及地</td><td>0.2</td><td>0.338</td><td>18940</td><td>19540</td><td>−3.07</td></tr>
<tr><td>低压—高压、中压及地</td><td>0.19</td><td>0.321</td><td>26570</td><td>26670</td><td>−0.37</td></tr>
<tr><td>高压、中压—低压及地</td><td>0.24</td><td>0.406</td><td>15820</td><td>16810</td><td>−5.89</td></tr>
<tr><td>高压、中压及低压—地</td><td>0.22</td><td>0.372</td><td>24470</td><td>25580</td><td>−4.34</td></tr>
<tr><td>标准</td><td colspan="2">不大于 0.8%</td><td colspan="3">与以往数据差别不大于±5%</td></tr>
</table>

表 1-2-4　　分解电容量　　pF

测试部位	测量值分解后	出厂值分解后	变化率%（注意值3%）
低压对地	17610	17720	−0.56
低、中压间电容	8960	8950	0.11
高、中压间电容	8140	8150	−0.12
中压对地电容	1840	2440	−24.6
高压对地电容	5020	5420	−7.38

表 1-2-5　　铁芯对地接地电阻

参数	接地电阻 MΩ
铁芯—地	1295
标准	不低于 100

表 1-2-6　　变压器绕组直流电阻　　mΩ

序号	高压侧						
	测量值			换算值（75℃）			不平衡率不大于2%
	AO	BO	CO	AO	BO	CO	
1	636.7	636.6	637.1	747.6	747.5	748.1	0.08
2	627.7	627.6	628.2	737.1	737.0	737.7	0.10
3	618.8	618.8	619.2	726.6	726.6	737.1	0.06
4	609.8	609.9	610.5	716.1	716.2	716.9	0.11
5	601.3	601.4	601.4	706.1	706.2	706.2	0.02
6	592.2	592.2	592.6	695.4	695.4	695.9	0.07
7	583.8	583.7	583.8	685.5	685.4	685.5	0.02
8	574.5	574.7	574.8	674.6	674.8	675.0	0.05
9	564.7	564.4	564.3	663.1	662.7	662.6	0.07
10	574.4	575.3	575.4	674.5	675.5	675.7	0.17
11	583.2	583.8	583.9	684.8	685.5	685.6	0.12
中压测							
序号	测量值			换算值			不平衡率不大于2%
	AmOm	BmOm	CmOm	AmOm	BmOm	CmOm	
1	134.8	135.4	135.1	158.29	158.99	158.64	0.44
2							
3							
低压侧							
测量值			换算值			不平衡率	
ab	bc	ac	ab	bc	ac	0.58	不大于1%
45.28	45.02	45.2	53.17	52.86	53.08		
ax	by	cz	ax	by	cz		不大于2%

2）绕组变形试验（频率响应法）。

绕组变形试验频率响应如图 1-2-7～图 1-2-9 所示，试验数据如表 1-2-7 和表 1-2-8 所示。

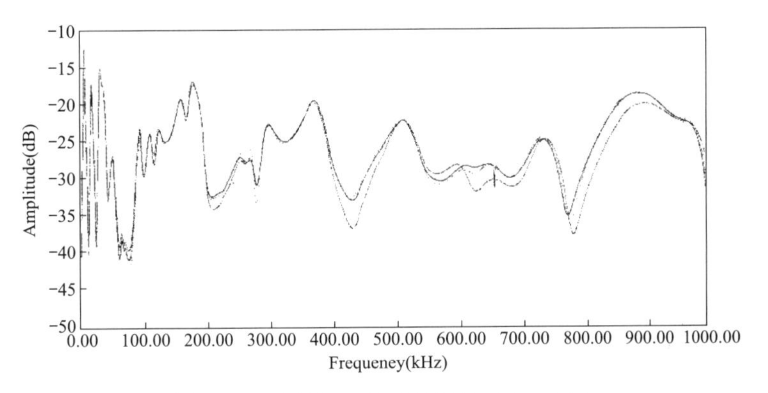

图 1-2-7　低压 ABC 三相绕组频率响应图

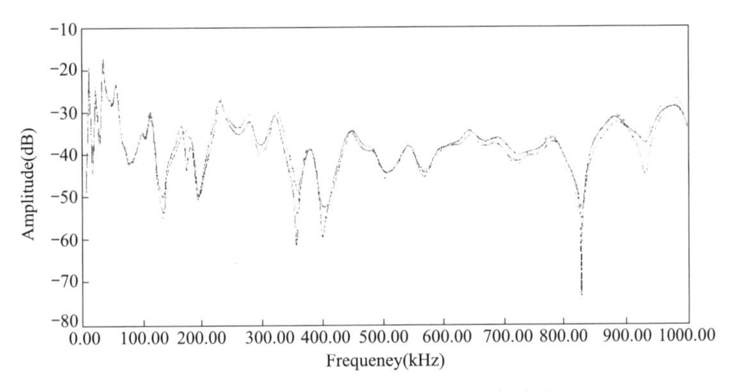

图 1-2-8　中压 ABC 三相绕组频率响应图

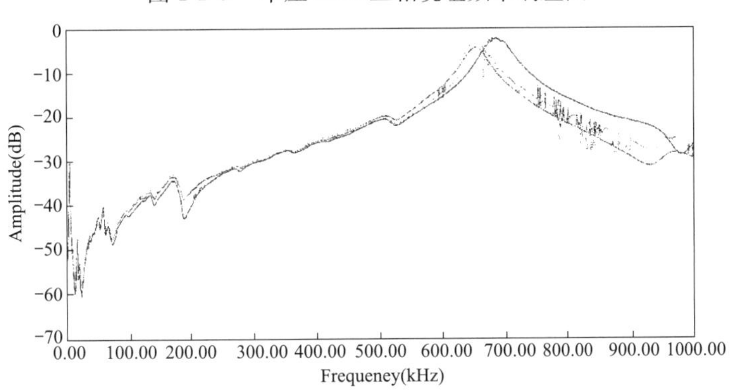

图 1-2-9　高压 ABC 三相绕组频率响应图

表 1-2-7　　**绕组变形相关系数**

部位	频段		R1-2	R2-3	R1-3
高压侧（220kV）	LF	1～100kHz	4.14	3.86	3.94
	MF	100～600kHz	1.86	2.7	2.07
	HF	600～1000kHz	1.06	2.34	1.17
	SF	0～1000kHz	1.61	1.37	1.08
中压侧（110kV）	LF	1～100kHz	2.20	2.21	3.18
	MF	100～600kHz	1.93	1.13	1.15
	HF	600～1000kHz	1.15	1.48	1.41
	SF	0～1000kHz	1.48	1.31	1.28

续表

<table>
<tr><th>部位</th><th colspan="2">频段</th><th>R1-2</th><th>R2-3</th><th>R1-3</th></tr>
<tr><td rowspan="4">低压侧（35kV）</td><td>LF</td><td>1～100kHz</td><td>2.9</td><td>2.47</td><td>2.34</td></tr>
<tr><td>MF</td><td>100～600kHz</td><td>2.2</td><td>1.96</td><td>2.07</td></tr>
<tr><td>HF</td><td>600～1000kHz</td><td>2.25</td><td>1.8</td><td>1.77</td></tr>
<tr><td>SF</td><td>0～1000kHz</td><td>2.17</td><td>1.57</td><td>1.79</td></tr>
</table>

表 1-2-8　　油色谱分析试验　　μL/L

试验日期	Hz	CO	CO_2	CH_4	C_2H_4	C_2H_6	C_2H_2	总烃	取样部位
2009-6-20	2076	1421.9	3054.23	465.15	380.41	31.43	418.08	1358.07	中部
2009-6-20	2087.69	1408.65	305.99	467.5	378.65	31.15	480.4	1357.7	下部
2009-6-20	7082.7	440.25	118.04	283.49	56.98	4.1	93.61	438.18	瓦斯
2009-3-22	8.48	837.4	1436.25	13.38	1.59	2.99	0.12	18.08	下部

3）油微水试验。

2009 年 6 月 21 日微水测试 12.8mg/L，2009 年 3 月 22 日微水测试 14.5mg/L，（注意值为 25mg/L）。

4）变压器短路阻抗试验数据（注意值为 2%），如表 1-2-9 所示。

表 1-2-9　　变压器短路阻抗试验数据

<table>
<tr><th colspan="2">施加端子</th><th>短路端子</th><th colspan="2">短路阻抗（折算到相电阻）</th><th>出厂值</th><th colspan="2">差别</th></tr>
<tr><td rowspan="6">1 分接</td><td>AB</td><td rowspan="3">AmBmCm</td><td colspan="2">14.807</td><td rowspan="3">15</td><td colspan="2">−1.28</td></tr>
<tr><td>BC</td><td colspan="2">14.687</td><td colspan="2">−2.84</td></tr>
<tr><td>CA</td><td colspan="2">14.669</td><td colspan="2">−2.208</td></tr>
<tr><td>AB</td><td rowspan="3">abc</td><td colspan="2">24.492</td><td rowspan="3">24.9</td><td colspan="2">−1.637</td></tr>
<tr><td>BC</td><td colspan="2">24.575</td><td colspan="2">−1.305</td></tr>
<tr><td>CA</td><td colspan="2">24.431</td><td colspan="2">−1.882</td></tr>
<tr><td rowspan="9">9B 分接</td><td>AB</td><td rowspan="3">AmBmCm</td><td>14.236</td><td>14.23</td><td rowspan="3">14.5</td><td>−1.823</td><td rowspan="3">−1.96（吊罩后厂家试验取绝对值最大的数据）</td></tr>
<tr><td>BC</td><td>14.099</td><td>14.02</td><td>−2.769</td></tr>
<tr><td>CA</td><td>14.105</td><td>14.3</td><td>−2.724</td></tr>
<tr><td>AB</td><td rowspan="3">abc</td><td>24.010</td><td>24.04</td><td rowspan="3">24.4</td><td>−1.599</td><td rowspan="3">−1.89（吊罩后厂家试验取绝对值最大的数据）</td></tr>
<tr><td>BC</td><td>24.1</td><td>24.03</td><td>−1.23</td></tr>
<tr><td>CA</td><td>23.976</td><td>23.94</td><td>−1.736</td></tr>
<tr><td>AmBm</td><td rowspan="3">abc</td><td>7.592</td><td>7.62</td><td rowspan="3">7.73</td><td>−1.79</td><td rowspan="3">−1.45（吊罩后厂家试验取绝对值最大的数据）</td></tr>
<tr><td>BmCm</td><td>7.704</td><td>7.73</td><td>−0.335</td></tr>
<tr><td>CmAm</td><td>7.629</td><td>7.84</td><td>−1.303</td></tr>
<tr><td rowspan="6">17 分接</td><td>AB</td><td rowspan="3">AmBmCm</td><td colspan="2">14.189</td><td rowspan="2">14.2</td><td colspan="2">−0.08</td></tr>
<tr><td>BC</td><td colspan="2">14.051</td><td colspan="2">−1.053</td></tr>
<tr><td>CA</td><td colspan="2">14.063</td><td rowspan="4">24.4</td><td colspan="2">−0.963</td></tr>
<tr><td>AB</td><td rowspan="3">abc</td><td colspan="2">24.109</td><td colspan="2">−1.193</td></tr>
<tr><td>BC</td><td colspan="2">24.198</td><td colspan="2">−0.828</td></tr>
<tr><td>CA</td><td colspan="2">24.016</td><td colspan="2">−1.575</td></tr>
</table>

试验结果：

绝缘电阻、直流电阻试验、绕组变形（频率响应法）试验相关系数符合要求；短路阻抗数据与铭牌值比较无明显变化；电容量与交接及历次试验相比较无明显变化，可以证明变压器在经过短路冲击后绕组未发生变形。

3　故障原因

变压器内部可能存在异物导致变压器铜排处短路是此次故障的直接原因。

4　故障暴露出的问题及反事故措施

（1）本次故障部位发生在绕组低压出线裸铜排处，说明此部位在运行中处于薄弱点，变压器在制造中或进行大修时此处宜进行绝缘包扎。

（2）在220kV主变压器进行交接手续时，宜进行吊罩检查。

（3）在监造变压器过程中，监造人员应核实铜排与箱壁间距是否满足要求，铜排表面应包扎绝缘，防异物形成短路或接地。

案例1-3

220kV变电站2号变压器外力引起内部故障

1　情况说明

1.1　缺陷过程描述

2018年6月12日15时15分，某220kV变电站364线路遭雷击，站外电缆头AC相短路并转为三相短路，短路电流12.36kA，364断路器速断跳闸，200ms后主变压器轻重瓦斯保护动作跳开三侧断路器。油色谱分析出现1748.62μL/L的乙炔。怀疑2号主变压器35kV侧（低压侧）A相绕组变形导致匝间短路。

1.2　缺陷设备基本信息

主变压器设备基本信息：

主变压器型号：SFPSZ-120000/220。

生产厂家：保定变压器厂。

出厂日期：1998年12月。

投运日期：2005年3月16日。

2　检查情况

2.1　缺陷/异常发生前的工况

现场检查发现2号主变压器本体重瓦斯保护出口动作，2号主变压器本体轻瓦斯保护报警；364“过流Ⅰ段出口”，35kV301 备自投装置动作。

2018 年 6 月 12 日 15 时 15 分 40 秒 364 线路遭雷击，站外电缆终端 AC 相间短路并转为三相短路，25ms 后（三相短路时刻计时为 0ms）线路保护过流Ⅰ段动作，跳开 364 断路器，低压线路故障隔离。253ms 后 2 号主变压器非电量保护动作，跳开主变压器三侧断路器。2 号主变压器低压侧 312 断路器跳开 3.5s 后，301 备自投装置动作，35kVⅡ段母线恢复运行。故障录波图显示故障持续时间 132ms，最大短路电流 12.96kA，绕组流过的最大短路电流 7.482kA。

现场检查 2 号主变压器外观未见异常，气体继电器内部有气体产生。站内 35kV 母线、电压互感器、避雷器，各出线断路器、隔离开关、电流互感器等设备未见异常。站外 364 出线 0 号杆电缆有明显烧伤痕迹。

2.2 故障经过

2018 年 6 月 12 日 15 时 15 分 40 秒 364 线路遭雷击，站外电缆终端 AC 相间短路并转为三相短路。故障电流最大值达到 12.96kA，经折算绕组流过短路电流 7.482kA。132ms（自出现三相短路电流开始计算），364 断路器跳开，线路侧故障切除。385ms（自出现三相短路电流开始计算），2 号主变压器本体重瓦斯保护动作，跳开主变压器三侧压侧断路器如图 1-3-1 所示。

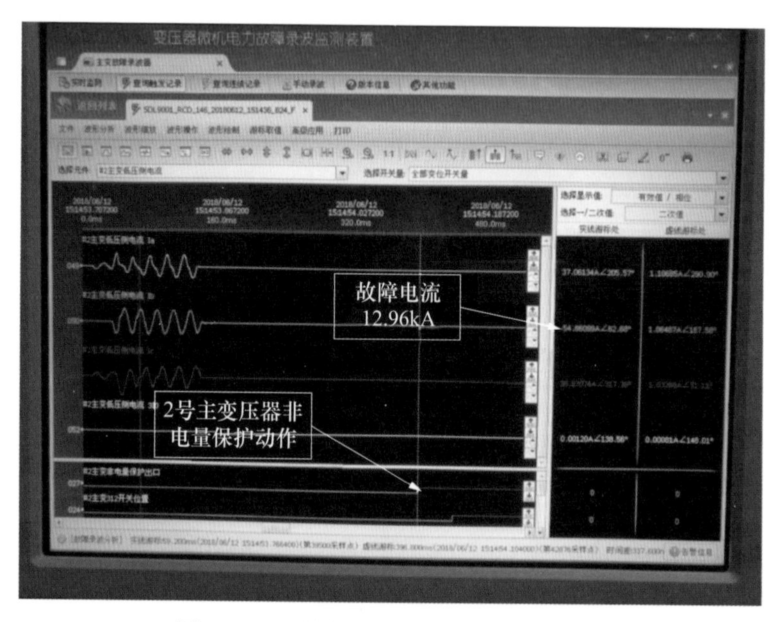

图 1-3-1 2 号主变压器开关量故障录波图

故障发展时序见表 1-3-1。

表 1-3-1 故 障 时 序 表

时间	事件
0ms	2018 年 6 月 12 日 15 时 15 分 40 秒 AC 相间故障，并转为三相短路故障（三相短路时刻计时为 0ms）
25ms	364 线路保护过流Ⅰ段动作

续表

时间	事件
132ms	跳开 364 断路器，低压线路故障隔离
253ms	2 号主变压器本体重瓦斯保护动作，本体轻瓦斯保护告警
293ms	2 号主变压器非电量保护跳开三侧断路器

2.3 故障后试验检查情况

2 号主变压器跳闸后，对主变压器进行了诊断试验，包括瓦斯气体试验、油中溶解气体分析、绕组电容量及介质损耗测试、低电压短路阻抗、频响法绕组变形、绕组电阻等试验。

（1）油中溶解气体分析。

跳闸发生后 2h，2 号变压器油中溶解气体中乙炔含量突增至 1748.62μL/L，远超 5μL/L 的注意值，甲烷、乙烷等各类特征气体较历史数据都有大幅度增长，计算三比值法编码为 102，表征故障类型为电弧放电，判定为变压器内部存在放电故障，试验数据见表 1-3-2。

表 1-3-2 绝缘油色谱分析数据 μL/L

分析日期	2017.03.10	2017.09.18	2018.06.12
CH_4	16.13	16.58	1429.69
C_2H_4	1.00	1.29	1465.32
C_2H_6	1.72	2.00	62.75
C_2H_2	0	0	1748.62
H_2	8.50	7.44	4093.71
CO	405.21	472.39	4512.54
CO_2	2102.86	2170.58	5730.36
总烃	18.18	19.87	6136.07
分析意见：三比值 1/0/2，故障类型电弧放电			

（2）瓦斯气样分析及与油中气体比较。

主变压器故障后，对气体继电器中的气体进行分析，各个气体组分中乙炔为主要气体，故障结论与绝缘油色谱检查一致。瓦斯气体分析及与油中气体对比见表 1-3-3。

表 1-3-3 瓦斯气样分析及与油中气体对比表

样品种类	瓦斯气体	油中气体
CH_4	15476.53	1429.69
C_2H_4	8728.25	1465.32
C_2H_6	598.25	62.75
C_2H_2	30255.44	1748.62
H_2	27102	4093.71
CO	10528.63	4512.54
CO_2	4194.82	5730.36
总烃	55058.47	6136.07

（3）绕组电容量及介质损耗因数测试。

绕组电容量及介质损耗因数测试结果如表 1-3-4 所示。

表 1-3-4　　绕组电容量及介质损耗因数测试结果对比 1

电容量	实测电容值（pF）	出厂电容值（pF）	初值差（%）
高压对中压、低压及地（C_h）	13970	14210	−1.69
中压对高压、低压及地（C_c）	19850	20240	−1.93
低压对高压、中压及地（C_b）	25660	26120	−1.76
高压、中压对低压及地（C_{h+c}）	17320	17620	−1.70
整体对地（C_{h+c+b}）	24120	24410	−1.19

对测得的电容量进行分解：低压对地电容量为 C_1，中低压绕组间电容量为 C_2，中压绕组对地电容量为 C_3，高中压绕组间电容量为 C_4，高压绕组对地电容量为 C_5。可推导出表 1-3-5 所列数据。

绕组电容量及介质损耗因数测试，通过表 1-3-5 结果分析，显示主变压器中低压绕组间电容量变化较大。可初步判断为主变压器绕组变形主要发生在中低压侧。

表 1-3-5　　绕组电容量及介质损耗因数测试结果对比 2

电容量	实测电容值（pF）	出厂电容值（pF）	初值差（%）
低压对地电容量 C_1	16230	16455	−1.37
中低压绕组间电容量 C_2	9430	9665	−2.43
中压绕组对地电容量 C_3	2170	2160	0.46
高中压绕组间电容量 C_4	8250	8415	−1.96
高压绕组对地电容量 C_5	5720	5795	−1.29

（4）短路阻抗检测结果。

短路阻抗测试结果显示：高压绕组对低压绕组短路阻抗横比误差达 3.173%（见表 1-3-6），超出规程规定的±2%的标准，判断为变压器绕组存在变形。

表 1-3-6　　短路阻抗测试结果对比

短路阻抗	阻抗电压试验值	阻抗电压铭牌值	纵比误差	横比误差
高对低（1 挡）	21.9%	22.2%	1.344%	3.173
中对低	7.196%	7.18%	0.228%	0.767

（5）绕组频响分析。

由于本次绕组变形频响法测试班组所用仪器发生改变，与该主变压器原始图谱所用仪器不同，造成本次测得图谱与原始图谱相差较大，失去可比性，故本次试验主要通过三相绕组横比分析。

高压绕组频响分析结果：如图 1-3-2 所示，该主变压器高压侧绕组三相图谱重合性较好，可以初步判断，主变压器高压侧绕组未显明显变形。

中压绕组频响分析结果：如图 1-3-3 所示，主变压器中压侧绕组 A 相在中频段波峰或波谷发生明显变化，与其他两相区别较大。初步判断，主变压器 A 相中压绕组可能受短路电动力作用发生鼓包等明显变形。

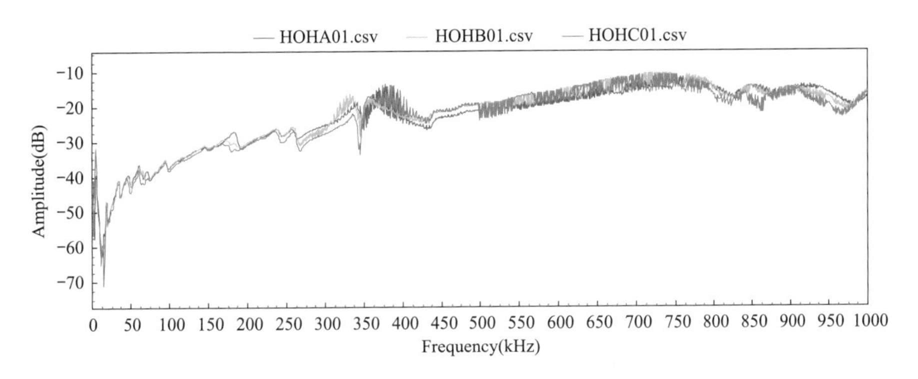

图 1-3-2　事故后高压侧频响图谱

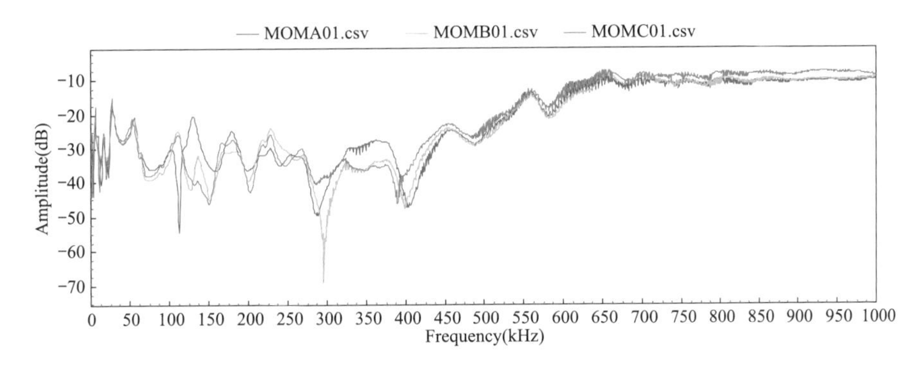

图 1-3-3　事故后中压侧频响图谱

低压侧绕组频响分析结果：如图 1-3-4 所示，主变压器低压绕组 CA 相测试图谱相较其他主要是在中频段的波峰或波谷发生明显变化，绕组电感发生改变，可能存在匝间或饼间短路、扭曲和鼓包等局部变形现象；结合事故发生时的故障录波分析，此次事故先由主变压器低压侧 AC 相间短路引起，变压器接线组别为常规 YNyn0d11 型式，低压侧 AC 相间短路低压 A 相绕组流过的短路电流最大，受到的冲击也最大。经综合分析，可初步判断主变压器 A 相低压绕组可能已发生严重变形。

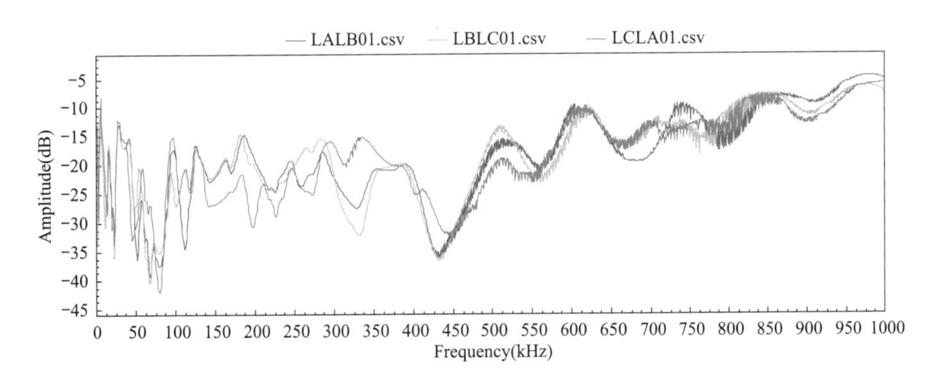

图 1-3-4　事故后低压侧频响图谱

（6）绕组电阻测试。

试验班组对该变压器高压绕组（1分接）、中压绕组、低压绕组分别进行了直流电阻测试。结果显示高、中压绕组直流电阻正常，低压绕组线间误差3.2%，不满足Q/GDW 1168—2013《输变电设备状态检修试验规程》中线间差别不应大于三相平均值的1%的要求。对主变压器低压侧绕组直流电阻数据进行角星变换至相电阻，并进行温度换算的结果如表1-3-7所示。可以看出低压绕组A相直流电阻变化最大，相比上次试验数据减小4.44%，分析判断低压A相绕组发生了匝间短路，导致绕组电阻减小。

表1-3-7　　低压侧直流电阻测试结果

2018年6月12日诊断试验低压直流电阻（mΩ），油温58℃													
ab	bc	ca	线间互差（%）	a	b	c	a(75℃)	初值差	b(75℃)	初值差	c(75℃)	初值差	相间互差（%）
33.45	33.32	32.39	3.2	47.65	50.78	50.37	50.41	−4.44	53.73	1.55	53.29	1.23	6.33
2013年10月17日例行试验低压直流电阻（mΩ），油温40℃													
ab	bc	ca	线间互差（%）	a	b	c	a(75℃)	初值差	b(75℃)	初值差	c(75℃)	初值差	相间互差（%）
31.25	31.17	31.2	0.26	46.79	46.94	46.7	52.75	—	52.91	—	52.64	—	0.51

（7）结论。

综合变压器试验数据，该变压器油色谱试验不合格，变压器内部发生了严重放电性故障。通过对绕组电容量、频率响应图谱、绕组直流电阻试验结果分析判断，该主变压器低压绕组发生了严重变形，尤其A相低压绕组变形最为严重并发生了匝间短路。因此2号主变压器不应继续运行，应进行返厂维修或更换。

3　原因分析

2号主变压器是保定变压器厂1998年产品，当时厂家自粘换位线技术处于科研试用阶段，变压器仍普遍采用普通纸包扁线，变压器绕组辐向失稳强度较弱，抗短路能力不足。针对该主变压器抗短路能力不足的问题，按照“一变一策指导原则”，采取了退出线路重合闸措施、加装备自投装置、母线分裂运行、低压侧绝缘化等针对性防范措施。

此次故障发生的直接原因是近区出口电缆短路。低压侧三相短路电流最大达12.96kA，绕组流过最大电流7.482kA，短路电流电动力对2号主变压器压器低压绕组造成了较大的冲击，致使低压绕组损坏变形。

4　下一步措施

（1）对所辖220kV主变压器进行抗短路能力计算，对不符合要求的逐步安排返厂更换中低压侧绕组。

（2）针对暂时不能安排返厂大修或更换的主变压器，调整运行方式，降低系统短路容量。

案例 1-4

220kV 变电站3号变压器内部放电缺陷分析

1　情况说明

1.1　缺陷过程描述

2020 年 5 月 25 日 18 时 59 分 24 秒，某 220kV 变电站 3 号主变压器本体重瓦斯保护动作，主变压器三侧断路器跳闸。现场吊罩检查发现 10kV C 相套管下部侧连接一次接线端子的软连接部位与 10kV 升高座间有放电痕迹，其他各处均未见异常。现场对电弧烧伤部位打磨平滑，软连接处使用绝缘皱纹纸、白布带、绝缘隔板对软连接进行包扎固定，并对器身进行检查、清洁，对变压器滤油处理。

1.2　缺陷设备基本信息

主变压器设备基本信息：

主变压器型号：SFPSZ10-180000/220。

生产厂家：烟台东源变压器有限责任公司。

出厂日期：2008 年 5 月。

投运日期：2008 年 7 月 1 日投运。

2　检查情况

2.1　缺陷/异常发生前的工况

（1）天气简况。

2020 年 5 月 25 日零星小雨，故障发生时刻阴。

（2）正常运行方式。

220kV 系统：

220kV 甲 231 线、乙 233 线、1 号主变压器 211 断路器上 220kV 1A 号母线；丙 235 线、丁 237 线、3 号主变压器 213 断路器上 220kV 1B 号母线；其他 3 路 220kV 进线、2 号主变压器 212 断路器上 220kV 2 号母线。220kV 1A 号母线、220kV 2 号母线经母联 201 断路器并列，220kV 1A 号母线与 1B 号母线经分段 203 断路器并列。

110kV 系统：

110kV 乙 133 线、丙 135 线、1 号主变压器 111 断路器上 110kV 1A 号母线；丁 137 线、戊 139 线、己 141 线、3 号主变压器主进 113 断路器上 110kV 1B 号母线；其他 110kV 线路、2 号主变压器 112 断路器上 110kV 2 号母线。1A 号母线、2 号母线经母联 101 断路器并列运行，1A 号母线与 1B 号母线经分段 103 断路器并列运行。

10kV 系统：

10kV 甲 941 线、乙 943 线、丙 944 线、3 号站用变压器 517、9 号、10 号、11 号、12 号电容器组、3 号主变压器主进 513 断路器上Ⅲ段母线，其他 10kV 出线、站用变压器及电容器组分别上Ⅰ、Ⅱ段母线，分段 501、502 断路器热备用。

中性点接地方式：

1 号、2 号主变压器中性点正常时不接地运行，3 号主变压器中性点接地运行。

2.2 故障前设备状态

故障前 110kV 甲 134 线 A 相发生瞬时接地故障，线路保护动作跳闸并重合成功。甲 134 线发生接地的同时，该变电站 10kVⅢ段母线发生 C 相接地现象，26ms 后接地现象消失，114ms 后再次接地，19627ms 后 3 号主变压器本体重瓦斯保护跳开三侧断路器，10kV 母线备自投装置动作合上 502 断路器，母线电压恢复正常。

2020 年 5 月 25 日零星小雨，故障发生时刻阴。3 号主变压器上次检修日期为 2015 年 10 月 9 日，检修项目为例行检修试验。10kV Ⅲ段母线上次电容电流测试时间为 2016 年，电容电流实测值为 21.4A。

2.3 故障检查情况

（1）外观检查。

3 号主变压器本体气体继电器存气约 400cm^3，气体颜色无色。其他设备检查无异常。

（2）油样试验情况。

故障发生后，对 3 号主变压器采油样试验，发现乙炔含量由 0.14μL/L 上升到 12.1μL/L，乙烯由 0.73μL/L 上升到 3.05μL/L，其他组分未见明显异常。

（3）电气试验情况。

故障发生后，对 3 号主变压器进行了直流电阻、绝缘电阻、介质损耗及泄漏电流、短路阻抗、铁芯夹件绝缘、变比、绕组频率响应等多项试验。试验数据未见异常。

（4）继电保护动作情况。

2020 年 5 月 25 日 18 时 59 分 24 秒，某 220kV 变电站 3 号主变压器本体重瓦斯保护动作，跳开 213、113、513 断路器。

3 原因分析

3.1 继电保护分析

第一阶段：110kV 甲 134 线发生 A 相瞬时性接地短路故障，保护动作跳开断路器，134 断路器重合成功，故障持续时间约 69ms，故障电流约 12.8kA。图 1-4-1 为韩燕线故障时 3 号主变压器波形图。

甲 134 线故障时，流过 113 断路器的电流 ABC 相位基本相同，BC 相电流大小相等，A 相电流大小约为 BC 相的 2.5 倍。

故障前，110kV 母线并列运行，3 号主变压器 220kV 及 110kV 侧中性点接地，1、2 号主变压器 220kV 及 110kV 侧中性点不接地。通过序网图和短路计算分析可得，$\dot{I}_{A1}=\dot{I}_{A2}=$

$\dot{I}_{A0}=\frac{1}{3}\dot{I}_{K}$。由于 3 台主变压器短路阻抗参数近似相等，因此，流过 3 号主变压器中压侧故障电流的正、负、零序分量为 $\dot{I}_{a1}=\dot{I}_{a2}=\frac{1}{3}\dot{I}_{a0}$。通过正、负、零序相量相加得到 113 断路器故障电流，分析结果与实际故障现象吻合。图 1-4-2 为 113 断路器电流向量分析，图 1-4-3 为故障点处序网图，图 1-4-4 为 113 正负零序向量图。

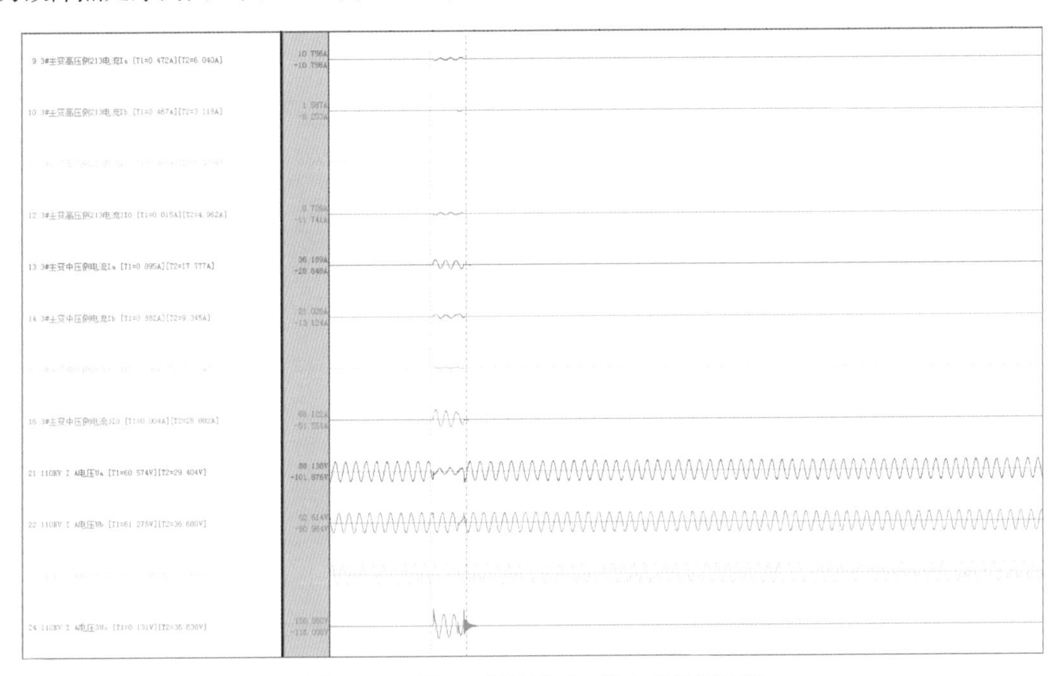

图 1-4-1　甲 134 线故障时 3 号主变压器波形

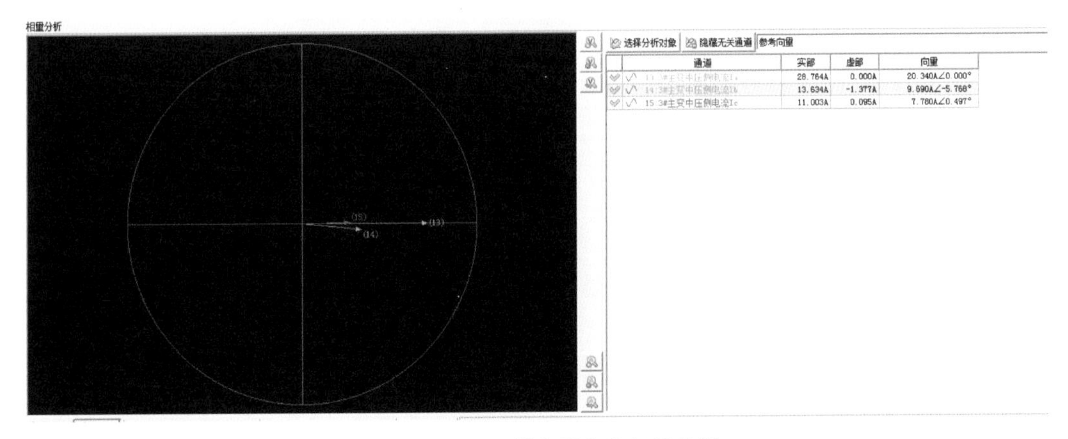

图 1-4-2　113 断路器电流相量分析

甲 134 线故障发生后，10kV Ⅲ段母线发生 C 相接地（见图 1-4-5），C 相电压降至 700V 左右（折算到一次侧），同时 AB 相电压升至 9000V 左右（折算到一次侧）。

第二阶段：110kV 甲 134 线故障消失后 26ms，10kV Ⅲ段母线接地恢复 114ms 后，再次发生 C 相接地。持续 19627ms 后 3 号主变压器本体重瓦斯保护动作（见图 1-4-6），213、113、513 断路器跳开。

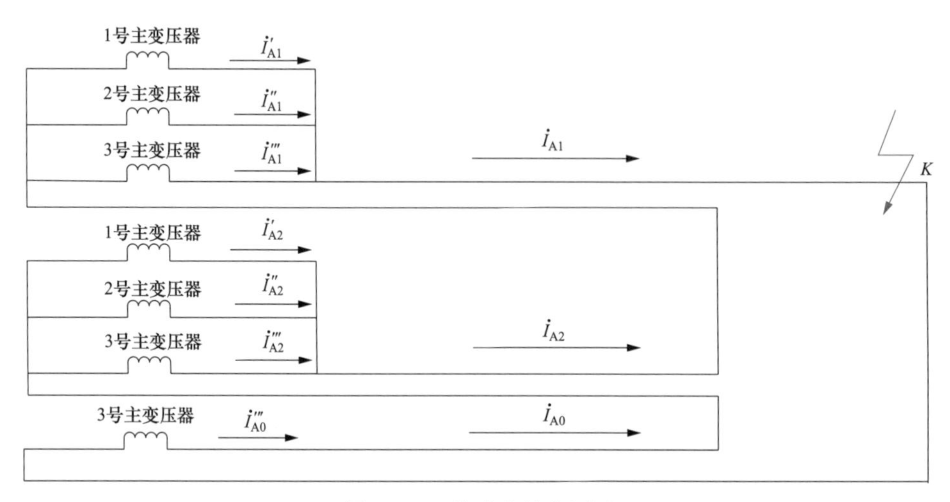

图 1-4-3　故障点处序网图

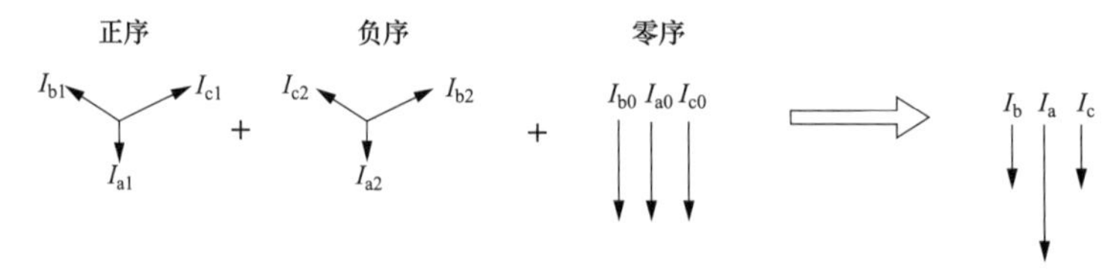

图 1-4-4　113 正负零序相量图

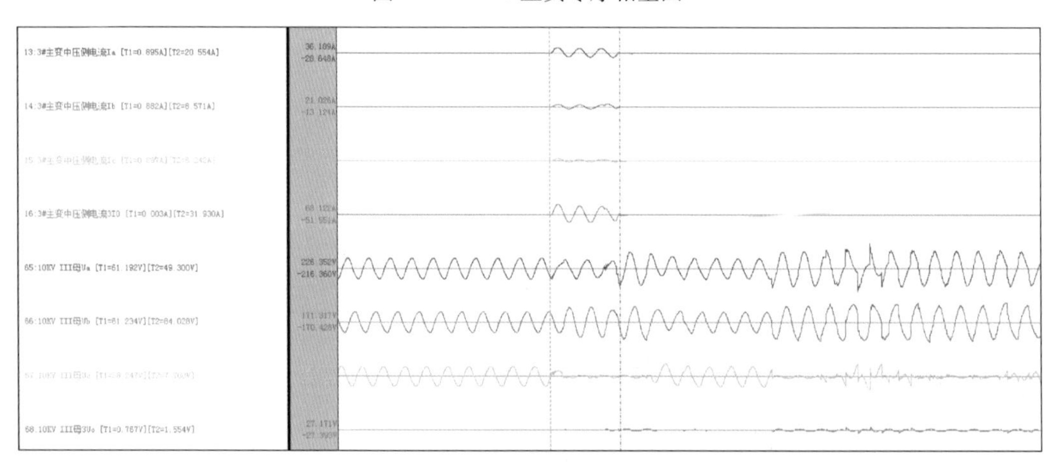

图 1-4-5　甲 134 线故障后 10kV Ⅲ段母线发生 C 相接地

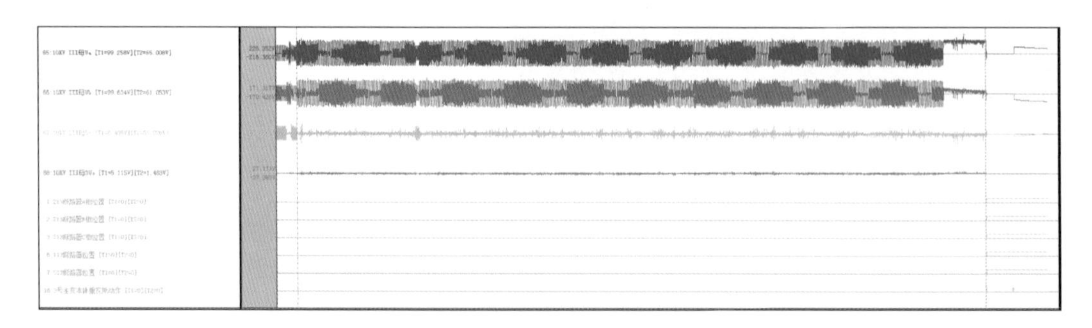

图 1-4-6　3 号主变压器本体重瓦斯保护动作

第三阶段：3 号主变压器 513 断路器三相跳开 5s 后，备自投装置动作合上 502 断路器，10kVⅢ段母线电压恢复正常，见图 1-4-7。

图 1-4-7　502 备自投装置动作后母线电压恢复

保护动作情况如表 1-4-1 所示。

表 1-4-1　　保护动作及故障切除时间

过程	134 断路器
	CSC-161A
故障	14ms 零序Ⅰ段出口
	15ms 接地距离Ⅰ段出口
重合	1596ms 重合闸出口
过程	3 号主变压器
	RCS-974
故障	本体轻瓦斯报警
	本体重瓦斯保护动作

3.2　一次设备分析及处理

5 月 29 日拆除附件后，打开 10kV 手孔发现 C 相套管下侧软连接与 10kV 升高座间有放电痕迹，如图 1-4-8～图 1-4-11 所示。10kV 三相软连接内侧与升高座间距离分别是 1.5mm、2mm 和不足 1mm。

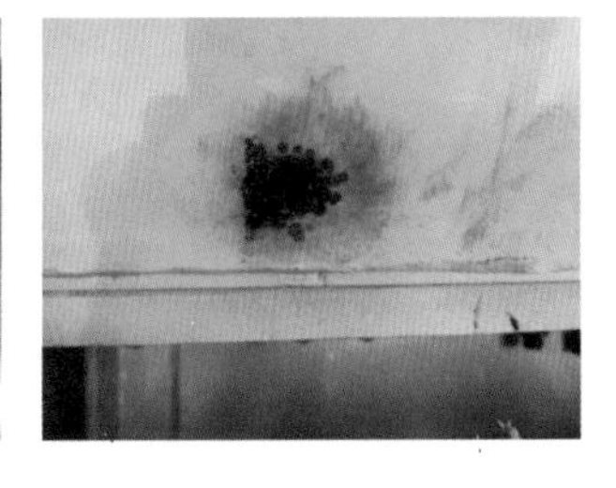

图 1-4-8　10kV C 相套管下侧软连接与升高座间放电位置

5 月 30 日吊开钟罩，对变压器器身、有载分接开关、绕组、铁芯、夹件以及各侧出线引线进行外观检查，使用内窥镜对绕组内部进行检查，其他各处均未见异常。

图 1-4-9　C 相与升高座间隙

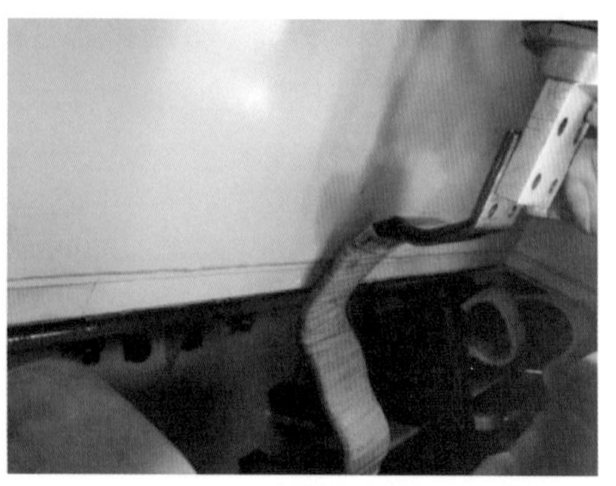

图 1-4-10　A 相与升高座间隙

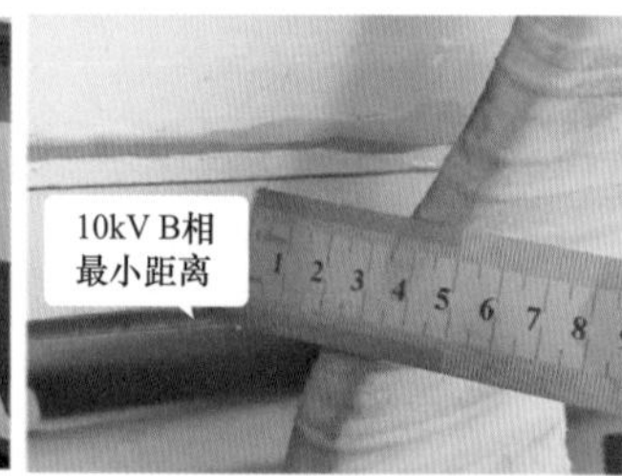

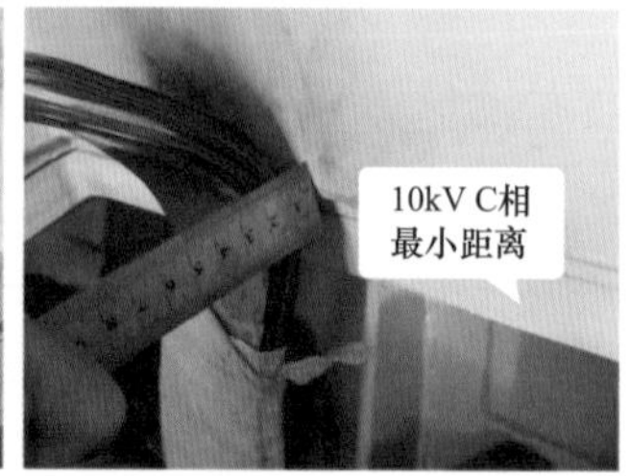

图 1-4-11　处理前 10kV 三相软连接内侧与升高座间距离

3.3　放电部位处理

（1）10kV 软连接处放电部位处理。

做好防止金属颗粒溅落措施后，对软连接电弧烧伤部位打磨平滑。使用皱纹纸对软连接部位进行包扎，单侧厚度不小于 3mm；再对皱纹纸缠绕部位进行包扎，单侧厚度不小于 2mm；最后使用纸板将接线端子两侧的软连接合并一起进行包裹，单侧厚度不小于 3mm，同时固定软连接位置，见图 1-4-12～图 1-4-14。处理后三相软连接距离升高座距离大于 7cm，见图 1-4-15 和图 1-4-16。

图 1-4-12　皱纹纸和白布带包扎

图 1-4-13　整体包扎

（2）10kV 升高座处放电部位处理。

使用砂纸和砂轮片将 10kV 升高座箱壁处烧伤痕迹打磨光滑并补刷绝缘漆，见图 1-4-17。

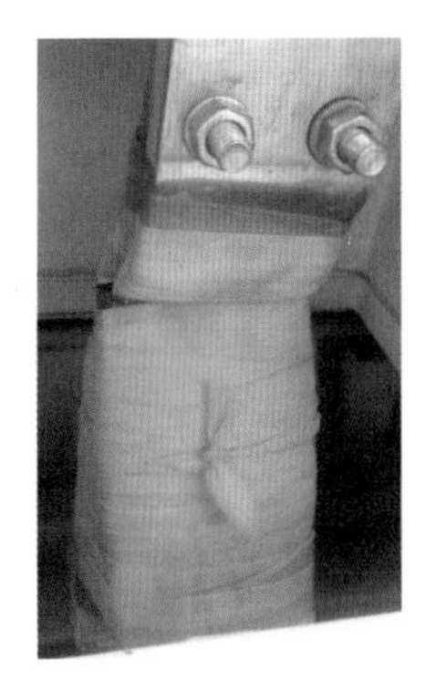
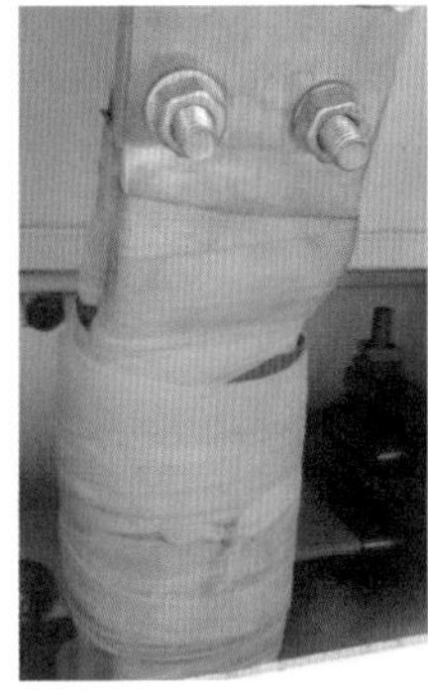
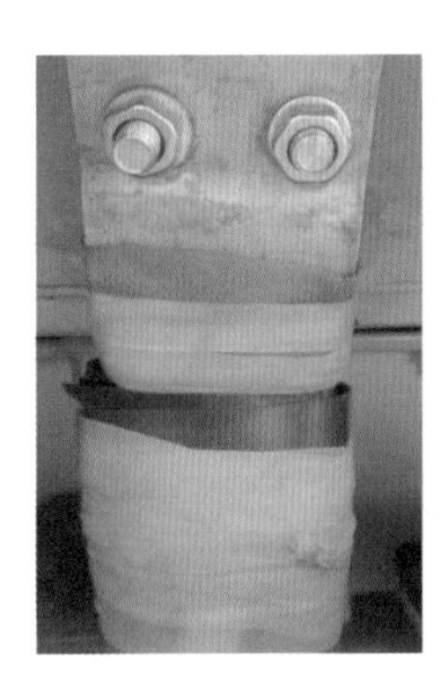

图 1-4-14　三相软连接包扎后

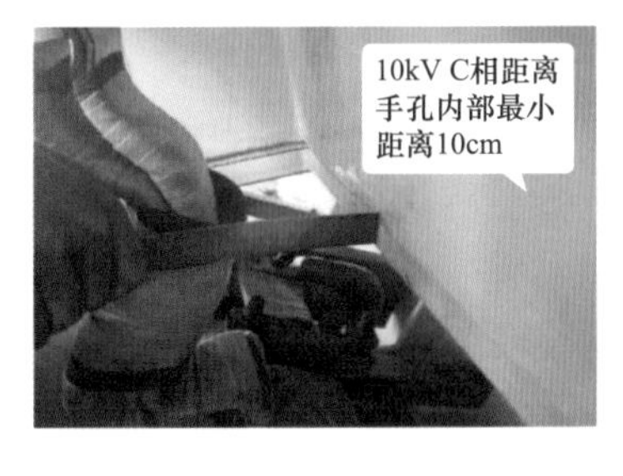

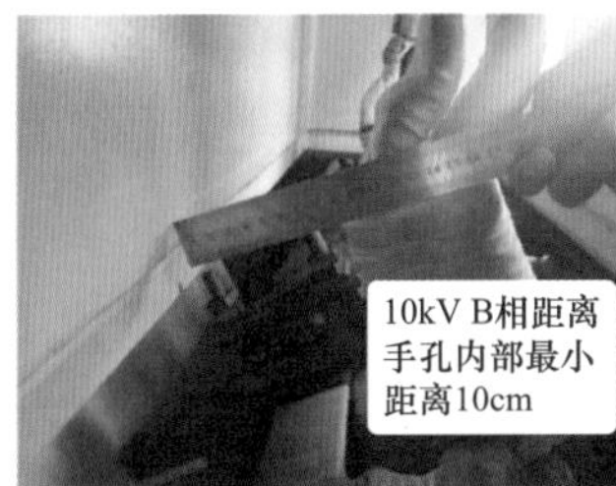

图 1-4-15　处理后 10kV 三相软连接内侧与升高座间距离大于 10cm

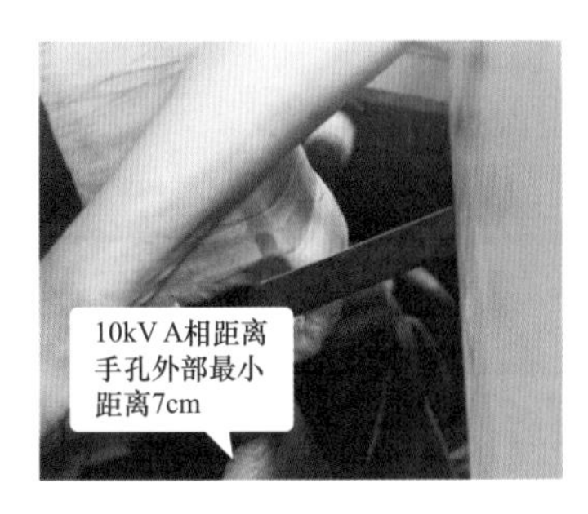

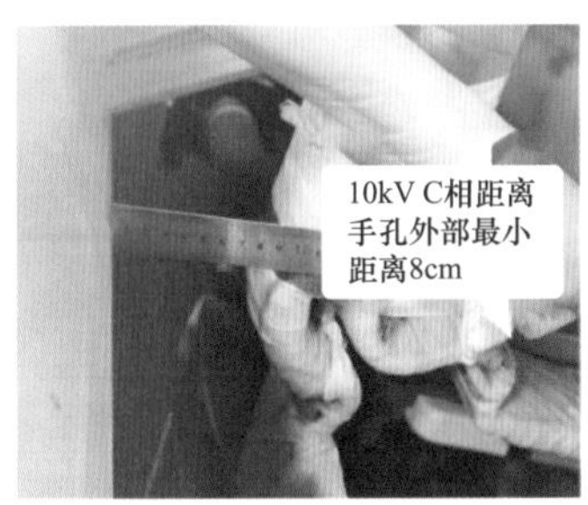

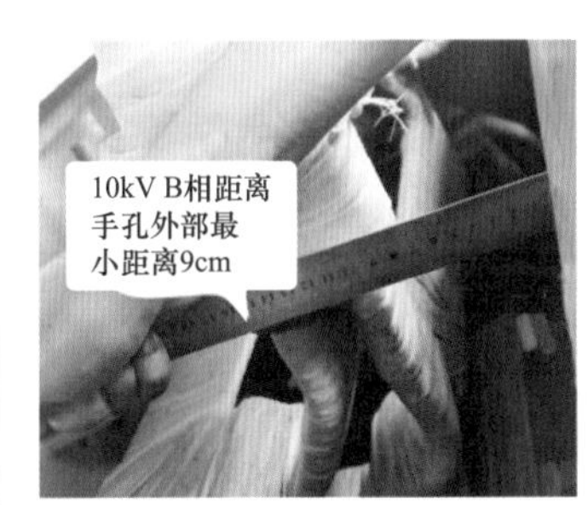

图 1-4-16　处理后 10kV 三相软连接内侧与升高座间距离大于 7cm

（3）放电残留物处理。

使用面团对三相绕组、铁芯、夹件、箱底等各处进行清理，将放电后残留物清理干净。

计划主变压器安装完成后，使用滤油机从主变压器上部对三相绕组、铁芯、夹件进行多次冲洗排油，直至油中颗粒度试验合格。

（4）其他部位处理。

对金属裸露以及导线绝缘损伤部位进行包扎，见图 1-4-18 和图 1-4-19。

图 1-4-17　10kV 升高座箱壁打磨刷漆

3.4　综合原因分析

通过对现场、吊罩及内窥镜检查，电气试验和保护动作等情况综合分析如下：

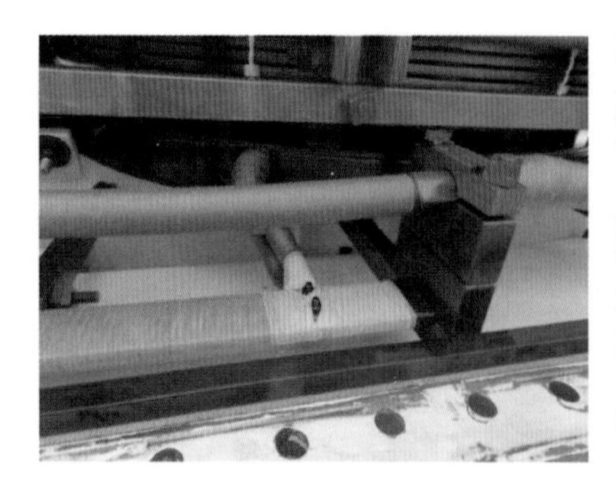

图 1-4-18　裸露金属部位包扎

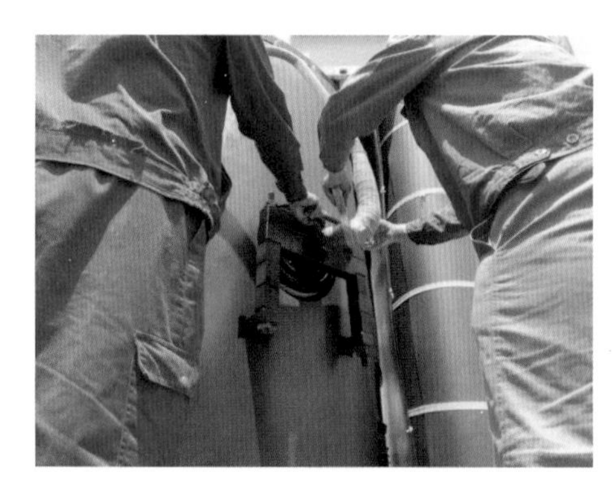

图 1-4-19　导线绝缘损伤部位包扎

（1）110kV 线路故障为主变压器内部放电诱发因素。

3 号主变压器 220kV 及 110kV 侧中性点接地运行，中压侧线路发生单相接地故障后，产生的零序电流（12.8kA）主要流过 3 号主变压器，同时，由于电磁感应原理，该主变压器低压绕组也产生零序电流，由于低压侧为三角形连接，低压侧零序电流只在绕组中流通，但其产生的电动力会对低压绕组产生一定冲击，进而对与低压绕组连接的低压引线产生振动。

（2）主变压器低压侧软连接与升高座距离不足为主变压器内部放电直接原因。

3 号主变压器 10kV 套管下侧软连接过长、绝缘包扎长度不足、软连接与升高座距离过小。在主变压器遭受故障电流冲击等外力作用下，软连接与升高座距离缩短，导致绝缘击穿放电，低压对地电容电流产生自持放电（2016 年实测母线电容电流 21.6A），油中故障气体持续聚集，约 19s 后，引发主变压器轻瓦斯保护报警和重瓦斯保护动作。

综上所述，该主变压器 10kV 套管下侧软连接存在设计问题和制造工艺不良隐患，在电网异常波动时，C 相软连接对油箱外壳放电为本次主变压器跳闸原因。

4　采取的措施

妥善处理 3 号主变压器故障点。对该主变压器内部 10kV 软连接及升高座放电部位进行打磨、重新包裹并加强绝缘，加强器身冲洗、变压器油过滤，直至颗粒度试验合格。

对在运的另外 2 台该厂 220kV 主变压器安排停电检查处理，避免同类问题发生。

（1）强化新主变压器厂内验收工作。将主变压器内部裸金属部位使用皱纹纸半叠不少于 2 层包扎的要求纳入技术规范补充协议。厂内验收时严格落实检查有无遗漏、未包扎的部位。杜绝主变压器内部裸金属部位未经包扎入网运行。

（2）落实隐患排查工作。利用一个月的时间，对全部在运主变压器验收时采集的照片排查。梳理出裸金属部位间以及裸金属部位对箱体间距离较小的变压器，结合主变压器大修工作进行治理。凡主变压器维护工作中，涉及打开手孔的工作时，必须对器身内部裸金属包扎和引线与箱体距离进行检查核实。

（3）加强新投主变压器现场验收。对涉及主变压器内部工作的套管安装、引线连接等工作，必须落实责任人随工验收。对引线靠近箱体部位进行测量，并保留图片。

案例 1-5

220kV 变电站1号变压器起火烧损事故分析

1　情况说明

1.1　缺陷过程描述

2006 年 8 月某 220kV 变电站 1 号主变压器发生起火事故，该变压器为济南西门子变压器厂产品，型号为 SFS-180000/220，2005 年 12 月 28 日投运，2006 年 8 月 13 日 15 时 4 分，由于 110kV 113 线路遭外力事故破坏，造成距变电站约 300m 处发生 A 相接地故障，113 断路器零序、距离保护动作掉闸，重合不良。1 号变压器差动保护、重瓦斯保护动作，三侧断路器跳开，1 号变压器起火。16 时 0 分，受 1 号变压器着火影响，2 号变压器差动保护动作，造成变电站 110kV、35kV 系统全停。16 时 40 分，消防队开始灭火，于 17 时 45 分扑灭。

1.2　缺陷设备基本信息

主变压器设备基本信息：

主变压器型号：SFS-180000/220。

生产厂家：济南西门子变压器厂。

出厂日期：2005 年 5 月 20 日。

投运日期：2005 年 12 月 28 日。

2　检查情况

事故发生后，及时组织人员进行了事故处理，8 月 13 日 22 时 10 分，由某电厂接入临时低压电源供站用电。检修人员更换了站内损坏的金具、导线、绝缘子、避雷器、电流互感器等设备，并对 2 号变压器进行了试验检查。8 月 14 日 4 时 57 分，2 号变压器恢复供电，8 月 14 日 7 时 0 分，110kV 线路逐条恢复供电，站内设备除 1 号变压器转检修，其他设备基本恢复运行。

2006 年 9 月 7～9 日，1 号主变压器在济南西门子变压器厂进行了返厂检查，变压器外壳已经严重变形，油箱多处螺栓被剪断，油箱整体开裂，最大开裂距离约 300mm，见图 1-5-1。

经解体，变压器各侧套管均烧损严重，瓷套炸裂，电流互感器套管脱落，出口引线附

图 1-5-1　主变压器解体前油箱顶部外观照片

近绝缘支撑件也已全部烧毁，在 110kV 侧 C 相套管和低压绕组 A 相出线、平衡绕组引线上发现电弧烧灼痕迹，见图 1-5-2。

变压器绕组整体颜色变黑，但高压、中压、低压绕组未见变形，见图 1-5-3。

3　原因分析

从事故故障录波图看，时标 3ms 时刻 110kV 线路 A 相接地发生，164ms 时刻 113 断路器跳开，110kV 故障线路切除，1283.5ms 时刻故障线路 113 断路器重合，1363.5ms 时刻 113 断路器重新跳开，1419.5ms 时刻，变压器三侧断路器全部跳开。变压器承受短路电流时间共约 240ms，故障时 110kV 母线最大短路电流 11.43kA。根据订货技术协议，短路电流最大值和短路时间均没有超过协议要求。

图 1-5-2　主变压器出口引线和 110kV C 相套管电弧烧灼痕迹

图 1-5-3　主变压器解体各侧绕组整体照片

经过解体检查，从油箱开裂情况和故障录波图看，事故发生具体位置应是变压器中压 110kV 侧 B 相和 C 相靠近油箱顶部附近，该处油箱裂缝最大，同时油箱磁屏蔽从此处向两侧外翻，这应是引起油箱炸裂的爆炸起始部位。

综上情况，初步认为是 110kV 线路单相接地重合闸中造成变压器上述位置发生电弧性放电，进而造成此次事故，事故责任原因为厂家产品质量问题。

案例 1-6

220kV 变电站1号变压器绝缘油溶解气体增长较快分析

1 情况说明

1.1 缺陷过程描述

某 220kV 变电站 1 号变压器于 2007 年 11 月 14 日 19 时，经交接试验合格后，该变压器投入运行。投运后，该变压器本体油中溶解气体色谱分析数据异常，经跟踪检查，发现变压器油中溶解气体含量增长较快。随即，1 号变压器退出运行。

1.2 缺陷设备基本信息

主变压器设备基本信息：

主变压器型号：SFSZ10-180000/220。

生产厂家：青岛青波变压器厂。

出厂日期：2007 年 7 月 12 日。

投运日期：2007 年 12 月 5 日。

2 检查情况

2.1 油中溶解气体色谱分析

2007 年 11 月 15 日 12 时，试验人员对投入运行的 1 号变压器进行了第一次变压器本体油中溶解气体色谱分析，测试结果为：总烃：11.22μL/L；H_2：26.26μL/L；C_2H_2：5.07μL/L，油中溶解气体 H_2 和 C_2H_2 的含量均超过标准要求。

为了及时跟踪故障的发展情况，11 月 15 日 21 时试验人员对该变压器进行了第二次油中溶解气体色谱分析，测试结果为：总烃：17.58μL/L；H_2：36.56μL/L；C_2H_2：8.55μL/L，与第一次测试数据相比，油中溶解气体总烃、H_2 及 C_2H_2 的含量均有明显增长。根据 DL/T 722—2014《变压器油中溶解气体分析和判断导则》判定，该变压器油中溶解气体 C_2H_2 的含量超过 8μL/L，已达到危急异常状态。于是，11 月 15 日 23 时，该变压器退出运行。

11 月 16 日 1 时，试验人员对退出运行的变压器进行了第三次变压器本体油中溶解气体色谱分析，测试结果为：总烃从 17.58μL/L 增长到 25.59μL/L；H_2 从 36.56μL/L 增长到 44.60μL/L；C_2H_2 从 8.55μL/L 增长到 12.59μL/L。1 号变压器本体油中溶解气体色谱分析数据见表 1-6-1。

根据表 1 所示的变压器油中溶解气体含量及其变化情况，得出以下结论：

（1）H_2 含量较高且增长较快，且微水含量合格，说明该变压器油箱内部存在高或中温过热。

（2）故障后，C_2H_2 占总烃的 50%左右，为总烃的主要成分，说明该变压器油箱内部发生了放电故障。

表 1-6-1　　1 号变压器油中溶解气体色谱分析数据　　μL/L

组分	11 月 10 日（交接试验）	11 月 15 日 12 时	11 月 15 日 21 时	11 月 16 日 1 时
CH_4	0.58	2.77	3.81	5.20
C_2H_6	0.08	3.17	4.57	7.24
C_2H_4	0.03	0.21	0.65	0.56
C_2H_2	0	5.07	8.55	12.59
总烃	0.69	11.22	17.58	25.59
H_2	6.27	26.26	36.56	44.60
CO	9.58	15.02	15.97	18.95
CO_2	90.42	188.62	155.29	174.47
微水	10	7	9	8

（3）CH_4 和 C_2H_4 含量增长较快，说明该变压器油箱内部存在过热性故障。

（4）CO 和 CO_2 含量不高，说明该变压器油箱内部固体绝缘没有受到严重损坏。

综上所述，利用改良三比值法编码规则，得出此次故障的编码为 200，依据改良三比值法对该变压器油箱内部故障进行了初步判断，结论为变压器内部存在电弧放电故障。估计是由于该变压器内部存在不同电位的不良连接点或者悬浮电位体的连续火花放电所引起的。

2.2　电气试验结果

11 月 16 日 8 时，试验人员首先对 1 号变压器铁芯及其夹件的绝缘电阻进行了测量，试验结果合格，然后对该变压器的高压、中压及低压绕组连同套管的绝缘电阻进行了测量，试验结果同样未见异常。另外，绕组连同套管的直流电阻、绕组连同套管的介质损耗角正切值 tanδ 等常规性试验均未发现异常。

为了找出产生故障的原因，试验人员又采用单相连接的方式对 1 号变压器的高压、中压绕组连同套管逐相地开展了长时感应电压及局部放电测量。在试验过程中，试验电压没有产生忽然下降，局部放电没有呈现持续增加的趋势，且局部放电测量值满足标准要求，试验通过。由于缺少试验用的耦合电容器，低压绕组连同套管未开展此项试验。另外，该变压器铁芯及其夹件同样未开展长时感应电压及局部放电测量。

2.3　解体检查情况

在完成 1 号变压器的化学分析和电气试验检查后，于 11 月 16 日 13 时将该变压器钟罩吊起。经检修人员检查，发现该变压器的产品设计、制造工艺、质量检验等环节存在许多严重的问题，主要有以下几方面：

（1）该变压器铁芯夹件拉带的接地处有明显漆膜，均未进行除漆处理，如图 1-6-1 所示。

由于该变压器铁芯夹件拉带的接地处漆膜的存在，使拉带接地不良，当变压器正常运行时，拉带在感应电压的作用下，产生悬浮电位，在变压器油箱内部造成悬浮电位放电。

（2）该变压器铁芯叠装工艺差。通过对铁芯的外观检查发现，该变压器铁芯叠片没有压紧，叠片之间缝隙较大，且铁芯绑扎强度明显不够，用工具能将叠片之间缝隙明显撑开。有载分接开关对侧铁芯旁轭下部有较大缝隙；有载分接开关侧铁芯旁轭中的一个油道向高压出线侧倾斜，见图 1-6-2。为了检查倾斜油道两侧的绝缘情况，厂家人员对倾斜油道两侧绝缘电阻进行了测量，测得结果为 0MΩ，估计是由于铁芯叠片没有压紧，倾斜油道两侧硅钢片在铁芯油道内部短接而造成的。厂家人员首先使用绝缘木条对倾斜油道内部进行疏通，绝缘电阻仍不合格，最后厂家人员用多根绝缘木条对倾斜油道加固后，绝缘电阻才合格。

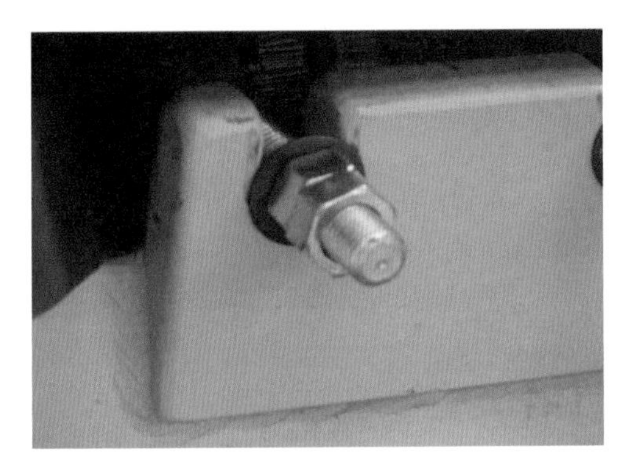

图 1-6-1　拉带接地处的接地情况

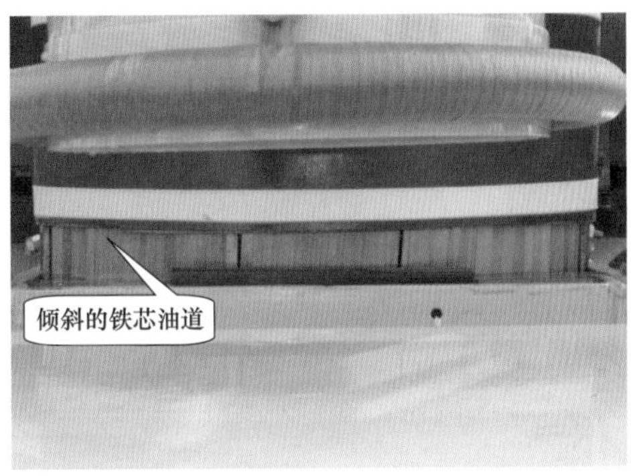

图 1-6-2　倾斜的铁芯油道

该变压器铁芯叠装工艺差能够引起变压器许多性能指标下降，譬如：引起变压器空载电流及空载损耗增大，造成变压器温升升高，使油纸绝缘老化加快，变压器使用寿命缩短；引起变压器的振动和噪声增大。另外，厂家人员用多根绝缘木条对倾斜油道进行加固，使倾斜油道变得狭窄，造成变压器油在油道中流动不畅，导致铁芯内部热量不易散出，引起铁芯内部局部过热。

（3）该变压器高压绕组底部支撑不良。高压绕组底部部分垫块因缺少有效支撑而松动、倾斜，见图 1-6-3；B 相高压绕组底部的一个垫块由于太松动已脱落。

由于该变压器绕组底部支撑不良，在遭受出口或近区短路时，在短路电流电动力作用下，绕组容易产生变形，所以，该变压器的抗短路能力同样存在不足。

此外，该变压器油箱底部杂质较多，有纸板、砂砾甚至金属颗粒等异物；两处 10kV 铜排与引线焊接位置未清除干净，其外包白布已破损且带有黑斑。

经现场人员仔细查找，发现引起此次故障的故障点为铁芯上夹件的一条拉带，见图 1-6-4，此拉带绝缘端的绝缘纸筒边缘有明显的放电痕迹，见图 1-6-5，且螺杆部分螺纹烧蚀；该拉带接地端的螺母和蝶簧烧蚀严重，见图 1-6-6。

图 1-6-3　倾斜的垫块

图 1-6-4　出现故障的拉带

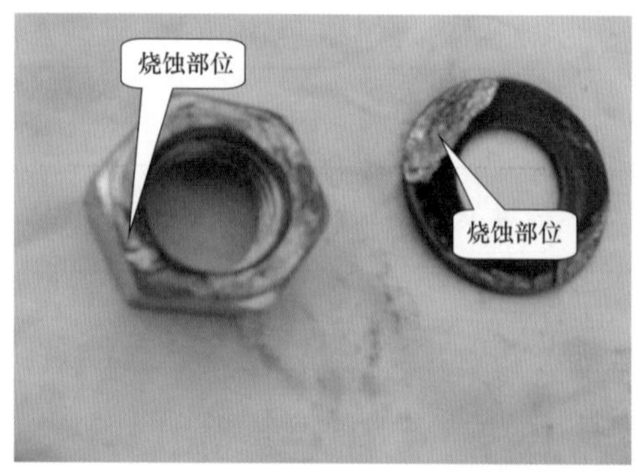

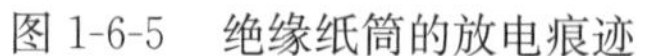
图 1-6-5　绝缘纸筒的放电痕迹

图 1-6-6　螺母和蝶簧的烧损情况

3 原因分析

根据吊罩检查情况，结合 1 号变压器油中溶解气体的色谱分析结果、常规性试验及局部放电等特殊试验，分析造成此次故障的原因是该变压器在设计、制造、检验等环节控制不严，铁芯上夹件拉带的接地处未进行除漆处理，导致拉带接地处接地不良，在该变压器的运行中，该拉带处于高电位与地电位之间，按其阻抗形成分压，而在该拉带上产生一对地悬浮电位。悬浮电位由于电压高，场强较集中，使该拉带绝缘端的绝缘纸筒慢慢被烧坏或炭化，也使变压器油在悬浮电位作用下分解出大量特征气体，从而使绝缘油色谱分析结果超标。同时接地处的漆膜也被逐渐击穿。当拉带两端被击穿后，拉带与上夹件形成短路匝，较大的环流在该短路匝中流过，将螺母和蝶簧严重烧损。

4 采取的措施

1 号变压器的损坏情况经过仔细检查和故障原因分析并确认后，在现场对该变压器进行了修复：

（1）更换电弧烧伤的拉带螺杆。

（2）将所有拉带的接地处的漆膜打磨干净，以保证拉带可靠接地。

（3）将高压绕组的底部支撑进行了有效的加强，以提升该变压器的抗短路能力。

（4）原来的变压器油经过过滤和加热处理后用于变压器冲洗，将油箱底部的各种杂质冲洗干净。

（5）该变压器安装完毕后，进行真空干燥，然后注入新油。静置 48h 后，进行常规试验和局部放电等特殊试验，试验合格。

鉴于目前该变压器的故障特征比较轻微，所以突发故障的可能性不大，经专家讨论分析确定，该变压器继续保持运行，并连续跟踪油色谱含量的变化情况，分析和监督故障的发展和变化趋势，根据状态检测情况决定变压器是否连续运行或停机检修。为了对变压器今后的运行更好开展状态检测和故障诊断工作，充分利用油中溶解气体在线监测装置，以提高对变压器运行状况的实时监督和防止故障的发生或扩大。

该变压器投入运行后，连续几个月的油色谱含量跟踪处理，未发现测试数据异常。另外，该变压器的油中溶解气体在线监测装置测得数据也正常。

5　预防措施

为了防止1号变压器类似情况的再次发生，积极采取了以下预防措施：

（1）进一步加强变压器的入网管理。在变压器招标前，首先对各生产厂家的设计水平、制造能力、质量检验及同型号产品的运行业绩等方面进行调研，根据调研的结果，对其生产的产品质量进行综合评价。在变压器招标时，优先订购评价好的变压器。

（2）进一步加强变压器的出厂验收和出厂试验的监督工作。参加变压器出厂验收工作的我方工作人员，须按《变压器出厂验收细则》要求的内容认真检查；对变压器出厂试验的重要试验项目，派生产人员到现场进行有效监督，以保证出厂试验数据是真实的。

（3）进一步加强变压器油中溶解气体色谱分析。用变压器油中溶解气体色谱分析法对变压器内部早期故障的诊断是非常有效的，能尽早发现变压器内部的潜伏性故障，分析判断故障的性质，对变压器维护和检修具有重要的指导作用，从而更好地保证电力系统的安全运行，防止重大事故的发生。

第二章 有载分接开关故障

案例 2-1

有载分接切换开关辅助触头螺栓脱落造成重瓦斯动作

1 情况说明

1.1 缺陷过程描述

2019 年 12 月，某 110kV 变电站 4 号主变压器有载分接开关重瓦斯保护动作，4 号主变压器掉闸。现场检查发现三处放电部位，一是有载分接开关切换芯体 C 相放电间隙放电；二是有载分接开关切换芯体 B 相双数侧上辅助触头固定螺栓放电并脱落，导致上触头脱落，并卡在下触头上方；三是分接选择器 A 相“2”触头均压罩与 B 相“1”触头均压罩间放电。同时变压器本体绝缘油中乙炔由 0 升到 96μL/L。

1.2 缺陷设备基本信息

主变压器设备基本信息：

主变压器型号：SSZ10-63000/110。

变比：110kV/35kV/10kV。

连接组别：Y0/y0/d11。

变压器生产厂家：保定天威保变电气股份有限公司。

有载分接开关基本信息：

有载分接开关型号：CMⅢ-500Y/72.5B-10193W。

厂家：上海华明电力设备制造有限公司。

出厂日期：2008 年 8 月。

投运日期：2009 年 5 月。

2 检查情况

2.1 缺陷发生前的工况

(1) 负荷情况：

故障前 4 号主变压器带 35kV 4 段及 10kV 4 段负荷。

(2) 不良工况：

该 110kV 主变压器故障前没有发生变压器短路等不良工况。故障时天气晴好，没有阴雨及雷电。

（3）其他信息：

故障当时网控人员遥控该有载分接开关，进行分接头由 2 至 3 的调压操作。

2.2 异常情况，缺陷先兆

主变压器有载分接开关重瓦保护动作，无故障先兆。

3 原因分析

3.1 油色谱试验数据

故障后及历史测试数据见表 2-1-1。

表 2-1-1　油中溶解气体检测　μL/L

设备名称	试验日期	H_2	CO	CO_2	CH_4	C_2H_4	C_2H_6	C_2H_2	总烃	水分(mg/L)	备注
4号主变压器	2012-6-8	17.82	361.6	940.02	4.27	0.35	0.56	0	5.18	8.1	主变压器监测
	2013-1-5	17.81	406.6	781.58	5.13	0.43	0.66	0	6.22	/	35kV 故障主变压器掉闸
	2013-5-7	15.06	382.53	890.43	5.05	0.45	0.69	0	6.19	/	主变压器监测
	2014-6-6	16.27	411.35	1089.52	6.15	0.51	0.87	0	7.53	5.3	主变压器监测
	2015-4-13	22.47	437.83	869.74	7.03	0.57	0.98	0	8.58	2	检修试验
	2016-5-10	19.17	350.18	1108.9	7.58	0.75	1.21	0	9.54	5.8	主变压器监测
	2017-6-15	20.96	364.32	1209.2	8.28	0.9	1.42	0.14	10.74	4.4	主变压器监测
	2018-4-10	14.3	359.45	1314.22	7.74	1.15	1.61	0.21	10.71	3.9	主变压器监测
	2018-8-18	13.24	334.61	1691.61	7.85	1.28	1.68	0.24	11.05		35kV 故障主变压器掉闸
	2019-5-16	9.68	258.91	1543.56	7.04	1.35	1.54	0.2	10.13	7	主变压器监测
	2019-12-11	242.9	237.21	1501.39	32.4	22.48	2.34	96.24	153.46	6	有载重瓦斯掉闸
	2019-12-17	0	0.87	317.87	0.62	0	0	0	0.62	3.9	油罐（多次滤油后）
	2019-12-18	0.69	22.94	564.36	0.99	0.09	0	0	1.08		主变压器下部
	2019-12-20	0	5.99	167.13	0.3	0	0	0	0.3		主变压器局放前
	2019-12-21	0.37	3.82	71.56	0.22	0.17	0	0	0.39		主变压器局放后，投运前

变压器本体绝缘油色谱监测发现乙炔为 96.24μL/L、氢气为 242.9μL/L、总烃为 153.46μL/L，均超过《变压器油中溶解气体分析和判断导则》（DL/T 722—2014）规定的注意值（氢气：150μL/L；乙炔：5μL/L；总烃：150μL/L）。三比值为 202，低能放电。放电部位可能存在于引线对电位未固定的部件之间连续火花放电；分接抽头引线和油隙闪络；不同电位之间的油中火花放电；感应悬浮电位之间的火花放电。

3.2 电气试验数据

主变压器故障后，由于有载分接开关切换芯子触头脱落，无法进行试验。第二天（2019 年 12 月 12 日）现场更换有载分接开关切换芯子后进行测试。故障后，现场进行了变压器直流电阻、变比以及更换有载分接开关芯子后过渡电阻、接触电阻和录波测试，试验结果未见异常。

（1）变比测定，测试结论合格（见表 2-1-2）。

表 2-1-2　　变比测定测试结果

侧别	分头	AB/AmBm 误差（%）	BC/BmCm 误差（%）	CA/CmAm 误差（%）	允许误差（%）
高压—低压	1	−0.20	−0.20	−0.20	±1.0
	2	−0.28	−0.28	−0.28	±1.0
	3	−0.10	−0.19	−0.19	±1.0
	4	−0.18	−0.18	−0.18	±1.0
	9b	0	0	0	±0.5
	10	−0.05	−0.08	−0.08	±1.0
	11	0.06	0.03	0.04	±1.0
	12	0	−0.02	−0.02	±1.0
高压—中压	分头	AmBm/ab 误差（%）	BmCm/bc 误差（%）	CmAm/ca 误差（%）	允许误差（%）
	3	0.02	0	0.02	±0.5
	2	−0.09	−0.12	−0.12	±1.0
	4	−0.05	−0.05	−0.05	±1.0

（2）直流电阻试验，测试结论合格（见表 2-1-3）。

表 2-1-3　　直流电阻试验测试结果　　mΩ

AO 实测值	BO 实测值	CO 实测值	实测相间差（%）
270.5	270.9	271.5	0.37
265.4	265.8	266.2	0.3
261.1	261.7	262.1	0.38
256.2	256.7	257.1	0.35
237.7	238.5	238.8	0.46
232.8	233.1	232.8	0.13
238.5	239.4	239.4	0.38
242.8	243.7	243.7	0.37

（3）有载分接开关试验（更换真空芯子后），测试结论合格（见表 2-1-4）。

表 2-1-4　　有载分接开关试验测试结果

过渡电阻	A	B	C
单（Ω）	2.142	2.166	2.125
双（Ω）	2.137	2.177	2.155
接触电阻	A	B	C
单（μΩ）	127	122	120
双（μΩ）	180	184	184

3.3 变压器本体及有载分接开关检查情况

现场一次设备外观检查无异常，主变压器本体气体继电器无气体，油枕、压力释放器等无异常。主变压器有载分接头在 3 的位置，停车在绿区，有载分接开关气体继电器无气体，压力释放器无异常。

（1）有载分接开关吊芯检查情况。

2019 年 12 月 11 日，现场吊出有载分接开关，发现有载分接开关切换芯体 B 相双数侧上辅助触头固定螺栓放电烧损，上辅助触头脱落并卡在下触头上方；有载分接开关切换芯体 C 相放电间隙有明显放电痕迹。筒内发现 1 条脱落的螺栓和 2 个平垫，均有放电痕迹。有载分接开关绝缘油颜色发深。详见图 2-1-1～图 2-1-4。

图 2-1-1　脱落的 1 条螺栓和 2 个平垫

图 2-1-2　辅助触头固定螺栓烧损

图 2-1-3　脱落的切换芯体 B 相双数侧上辅助触头和固定螺栓位置

（2）主变压器钻检情况。

12 月 13 日主变压器放油，打开有载分接开关附近人孔钻检，发现分接选择器（本体油箱内）A 相“2”触头均压罩与 B 相“1”触头均压罩间有放电现象。详见图 2-1-5。

（3）主变压器吊芯检查。

对主变压器吊芯检查，除上述三处部位放电部位外，绕组、铁芯等各部位检查未见异常。

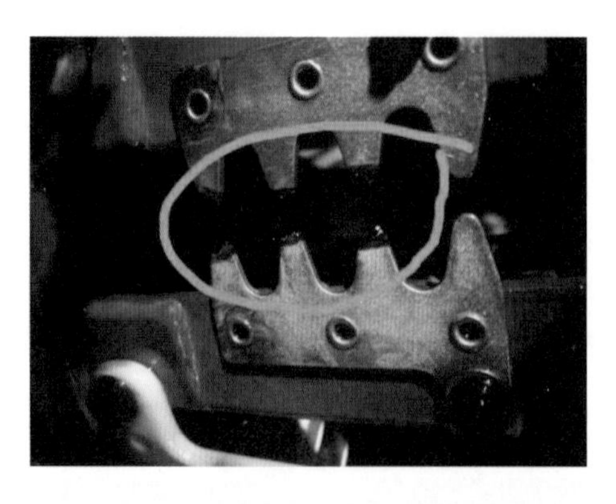

图 2-1-4　C 相放电间隙处放电痕迹

图 2-1-5　分接选择器 A 相“2”触头均压罩与 B 相“1”触头均压罩间放电痕迹

3.4　故障原因分析

主变压器故障后，由于有载分接开关切换芯子触头脱落，无法进行试验。第二天（12 月 12 日）现场更换有载分接开关切换芯子后进行测试。故障后，现场进行了变压器直流电阻、变比以及更换有载分接开关芯子后过渡电阻、接触电阻和录波测试，试验结果未见异常。

根据现场检查结果，组织主变压器厂家和有载分接开关生产厂家共同召开会议。对该主变压器有载分接开关重瓦斯保护动作掉闸事件进行分析。故障初步原因分析如下。

故障发生前。由于主变压器有载分接开关切换芯体 B 相双数侧上辅助触头固定螺栓质量不良，变压器运行中逐渐松动，发生放电直至脱落。脱落的上辅助触头随轨道下滑，并卡在下辅助触头上部，造成切换时双数侧上、下辅助均无法接通。

2019 年 12 月 11 日 15 时 30 分，网控人员对该主变压器进行由 2-3 分接调压时，双数侧上、下辅助均无法接通，B 相在 2-3 分接间调压时开路。B 相开路时，中性点电压升高。

现象一：由 2-3 分接调压前，2 分接接中性点，即三相的 2 分接电压升高。在分接选择器部分 A 相“2”分接触头均压罩与距离最近且耐压最薄弱的 B 相“1”分接触头均压罩间放电。

现象二：放电间隙末端与中性点连接，即三相的放电间隙末端电压升高。切换芯体 C 相放电间隙放电，引发有载分接开关重瓦斯保护动作，主变压器掉闸。

综合现场检查与各项检测结果，由于变压器为中性点调压，故障点均在中性点附近，对变压器绕组冲击较小。同时现场试验包括局放试验测试数据均合格，因此确定本次故障未对变压器造成绕组变形或匝间短路等破坏性影响，变压器可继续正常运行。

4　采取的措施

（1）变压器本体检修。

对该主变压器有载分接开关进行整体更换；主变压器吊芯对变压器绕组、铁芯、绝缘件等进行检查；主变压器滤油。

（2）进行诊断试验。

对该主变压器进行诊断性试验。包括直流电阻、变比、整体绝缘电阻、整体介质损耗及电容量、整体泄露、铁芯及夹件绝缘、套管介质损耗、电容量和末屏绝缘、有载分接开关录波、频响法绕组变形、低电压短路阻抗以及感应耐压局放试验，试验结果未见异常。

案例 2-2

有载分接开关选择器动触头轴销脱落造成差动保护动作

1　情况说明

1.1　缺陷过程描述

2013 年 11 月 21 日 10 时 10 分，在某 110kV 变电站 2 号主变压器在由 10 至 12 分头调整完毕后，主变压器双套差动保护动作，有载重瓦斯动作，跳开 112、502 断路器隔离故障。故障最大电流 748.8A（二次值 6.24A）。10kV 备自投装置动作，合上 545 断路器，未损失负荷。经高压试验检查，主变压器高压侧 B 相直流电阻数据在切换分头时存在异常，存在极性前为一个数值，极性后为一个数值的分布特征，初步判断 B 相选择开关存在机构卡涩、不转换的可能。经吊罩检查，有载分接开关 B 相单数的固定销子脱落，B 相停留于 7 头。B 相双数静触头与固定底座（相当于中性点）绝缘树脂表面有放电痕迹，B 相第 3 过渡电阻烧断，且已经变色脆化。B 相绕组上下部与 7（17）头相连的调压绕组部分脱落。经吊罩大修、更换有载分接开关、修整B相调压绕组导线后投入运行。故障原因是有载分接开关机构轴销脱落。

1.2 缺陷设备基本信息

主变压器设备基本信息：

主变压器型号：SFSZ7-31500/110。

有载分接开关型号：SYXZ-110/400-19。

变压器生产厂家：保定天威。

有载分接开关厂家：保定天威。

出厂日期：1995年11月。

投运日期：1996年1月。

2 检查情况

2.1 缺陷发生前的工况

2013年11月21日10时10分，当时天气晴，有中度雾霾。

2.2 异常情况，缺陷先兆

主变压器无故障先兆。

3 原因分析

3.1 保护动作情况

(1) 保护动作信息，见表2-2-1。

表2-2-1 主变压器保护动作信息

2号主变压器保护Ⅰ(PRS-778)	
2013-11-21 11：10：10：113	过负荷闭锁有载调压动作　动作
2013-11-21 11：10：10：183	AB 比率差动动作　动作 I_a=6.24A　I_b=6.25A　I_c=0.02A
2013-11-21 11：10：10：246	过负荷闭锁有载调压动作　返回
2013-11-21 11：10：10：280	AB 比率差动动作　返回
2号主变压器保护Ⅱ(PRS-778)	
2013-11-21 11：10：10：170	过负荷闭锁有载调压动作　动作
2013-11-21 11：10：10：234	AB 比率差动动作　动作 I_a=6.17A　I_b=6.18A　I_c=0.02A
2013-11-21 11：10：10：304	过负荷闭锁有载调压动作　返回
2013-11-21 11：10：10：329	AB 比率差动动作　返回
110kV备自投装置(ISA-358GA)	
2013-11-21 11：10：14：689	LBZT1跳2DL动作　动作
2013-11-21 11：10：14：790	LBZT1合1DL动作　动作
2013-11-21 11：10：15：790	1号进线备自投装置动作　动作
2013-11-21 11：10：15：790	遥信号0024遥信变位1→0　(112断路器)
2013-11-21 11：10：20：499	110kV Ⅱ母PT断线告警　动作

（2）后台监控系统 ISA300 动作信息。

故障前，调控班于 11 时 10 分 4 秒，将 2 号主变压器保护档位从 10 挡调到 11 挡。

从后台监控机查看保护信息报文：

2013 年 11 月 21 日 11 时 10 分 10 秒 113 毫秒，2 号主变压器保护 1 过负荷闭锁有载调压动作（高）；

2013 年 11 月 21 日 11 时 10 分 10 秒 183 毫秒，2 号主变压器保护 1 比率差动动作；

2013 年 11 月 21 日 11 时 10 分 10 秒 234 毫秒，2 号主变压器保护 2 比率差动动作；

2013 年 11 月 21 日 11 时 10 分 10 秒 476 毫秒，2 号主变压器有载重瓦斯动作；

2013 年 11 月 21 日 11 时 10 分 14 秒 790 毫秒，110kV 分段备自投 BZT 自动成功；

2013 年 11 月 21 日 11 时 10 分 20 秒 473 毫秒，10kV 分段备自投 BZT 自动成功。

从后台监控机查看 SOE 报文：

2013 年 11 月 21 日 11 时 10 分 10 秒 395 毫秒，2 号主变压器保护 1 总告警接点动作；

2013 年 11 月 21 日 11 时 10 分 10 秒 399 毫秒，2 号主变压器保护 2 总告警接点动作；

2013 年 11 月 21 日 11 时 10 分 10 秒 471 毫秒，112HW 开关断开；

2013 年 11 月 21 日 11 时 10 分 10 秒 474 毫秒，502HW 开关段开；

2013 年 11 月 21 日 11 时 10 分 10 秒 499 毫秒，145HW 开关断开；

2013 年 11 月 21 日 11 时 10 分 15 秒 508 毫秒，111HW 开关闭合；

2013 年 11 月 21 日 11 时 10 分 19 秒 600 毫秒，10kV 分段备自投触点动作；

2013 年 11 月 21 日 11 时 10 分 20 秒 546 毫秒，545HW 开关闭合。

由图 2-2-1 可知，当日调整电压分接头从 7 时 25 分开始，从 6 头逐步调整到 12 头。

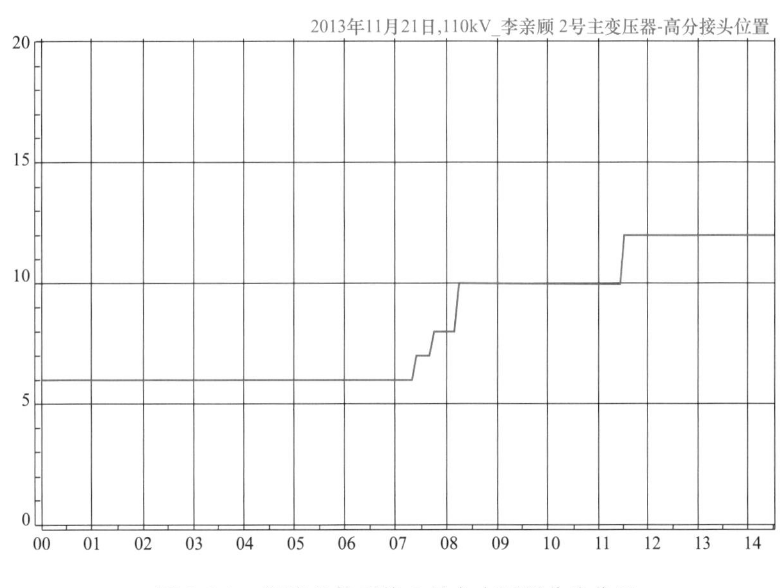

图 2-2-1　调度监控系统 2 号主变压器分头位置

（3）备自投装置动作分析。

110kV 备自投装置定值说明内交代了备自投不闭锁进线自投方式，闭锁母联自投方式，所以在这种情况下，2 号主变压器本体故障跳开 145、112 断路器，110kV 备自投装置动作合 111 断路器。10kV 备自投装置动作，投入分段断路器，10kV5 号母负荷倒 1 号主变压器运行。均属正常动作。

3.2 电气试验数据

（1）绝缘油色谱分析。

主变压器近期油色谱测试结果如表 2-2-2 所示。

表 2-2-2　　主变压器油色谱分析结果　　μL/L

取样日期	H_2	CO	CO_2	CH_4	C_2H_4	C_2H_6	C_2H_2	总烃	微水（mg/L）
2010-01-07	8.93	1066.16	4602.66	16.39	12.19	6.65	0.29	35.52	
2010-05-16	7.11	433.10	1457.92	6.96	3.37	1.84	0.10	12.27	
2011-07-13	4.97	657.86	1445.38	5.91	3.01	1.79	0.008	10.59	
2011-11-29	8.47	1014.16	3844.88	12.22	11.26	3.97	0.26	27.71	
2012-08-21	8.06	1103.00	4607.58	17.79	19.86	5.36	0.99	44.00	
2012-12-26	8.93	547.33	1454.79	17.56	15.33	5.02	1.03	38.94	
2013-04-27	8.74	894.76	1730.63	15.48	11.66	4.05	1.05	22.07	9
2013-08-30	6.78	1330.98	4861.69	22.74	15.56	6.55	1.08	46.93	
2013-11-21（上）	7.55	1251.18	4703.05	19.27	22.77	5.46	3.74	51.24	
2013-11-21（下）	8.96	1156.48	4504.80	20.66	25.35	6.69	4.50	57.10	

11 月 21 日乙炔有明显增加，说明在主变压器油室有故障点；或者有载分接开关有内漏，在主变压器油室压力突增后部分油流入主变压器油室所致。

（2）电气试验数据分析。

1）主变压器本体绝缘电阻试验，试验结果见表 2-2-3。

表 2-2-3　　主变压器本体绝缘电阻试验结果

试验时间：2013.11.21　　油温：30℃　　湿度：40%

部位	R15（GΩ）	R60（GΩ）	*K*
高压	41	43.8	1.07
中压	24.5	25.6	1.04
低压	28	28.5	1.02

试验数据分析：根据《河北省电力公司输变电设备状态检修试验规程》中对主变压器整体绝缘的规定："绝缘电阻无显著下降；吸收比≥1.3 或极化指数≥1.5 或绝缘电阻≥10000MΩ"，试验数据无异常，且与历史数据相比无明显下降，因此，绝缘电阻试验合格。

2）主变压器整体介质损耗及电容量试验，试验结果见表 2-2-4。

试验数据分析：根据《河北省电力公司输变电设备状态检修试验规程》：110～220kV 变压器 $\tan\delta$ 不大于 0.008（注意值、20℃）是判断该主变压器整体介质及电容量试验合格。

3）主变压器绕组直流电阻试验，试验结果见表 2-2-5。

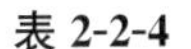

表 2-2-4　　主变压器整体介质损耗及电容量试验结果

试验时间：2013.7.13（例行）　　油温：30℃　　湿度：40%

部位	tanδ	电容量（pF）	Tanδ(上次测试值)	电容量（上次测试值，pF）
高压对中、低压及地	0.223	10660	0.198	10600
中压对高、低压及地	0.235	16030	0.211	15940
低压对高、中压及地	0.22	14130	0.200	14050

表 2-2-5　　主变压器绕组直流电阻试验结果

试验时间：2013.11.21（例行）　　油温：30℃　　湿度：40%

	序号	A-O	B-O	C-O	误差	序号	A-O	B-O	C-O	误差
高压侧直流电阻（mΩ）	1	719.5	661.2	724.6		11				
	2	709.4	711.4	714.7	0.75%	12	650.8	649.9	655.7	0.75%
	3	699.6	661	704.7		13	660.8	700.9	665.6	
	4	689.7	691.5	694.7	0.72%	14	669.5	670.5	674.3	0.72%
	5	679.7	661	684.8		15	679.6	700.4	684.5	
	6	669.5	671.1	674.6	0.76%	16	689.5	691.1	694.5	0.73%
	7	659.6	660.9	664.7		17	699.6	700.8	704.5	
	8	649.4	651	654.5	0.79%	18	709.4	710.8	714.4	0.70%
	9					19	719.5	700.7	724.6	
	10	638.3	638.3	641	0.42%					
中压侧直流电阻（mΩ）	序号	Am-O	Bm-O	Cm-O	误差	低压侧直流电阻	ab	bc	ca	误差
	1	78.85	79.25	79.6	0.95%		11.97	12.01	12.03	0.5%

试验数据分析：根据《河北省电力公司输变电设备状态检修试验规程》：1.6MVA 及以上变压器，各相绕组相间互差不大于 2%（警示值），在双数分接时，满足要求，但在单数分接时，B 相明显存在问题。存在极性前为一个数值，极性后为一个数值的分布特征。

4）低电压短路阻抗试验，试验结果见表 2-2-6。

表 2-2-6　　主变压器低电压短路阻抗试验结果

试验时间：2013.7.13（例行）　　温度：30℃　　湿度：40%

相别	A	B	C	合相值	铭牌值	纵比误差（%）	横比误差（%）
高压对低压（9 分接）				17.58mΩ	17.6mΩ	0.103	0.13

试验数据分析：由于中压侧未在额定分接，同时故障未涉及中、低压侧，因此只进行了高压对低压的短路阻抗试验。结果无异常。

5）铁芯绝缘电阻 2500mΩ，无异常。

3.3　分接开关检查情况

主变压器跳闸后，检查主变压器附近有大量油滴散落在主变压器附近，根据部位分析应为有载分接开关上盖接缝处的一圈喷出，说明有载切换油室内部压力大增，冲破了胶垫。

11 月 22～25 日，拆除 2 号主变压器所有附件，吊罩检查，发现：

（1）B 相选择开关双数固定销子脱落，停留在 7 头。

(2) 切换开关内双数位置的静触头与固定底座(相当于中性点)绝缘树脂表面有放电痕迹。

(3) 切换开关内B相第3过渡电阻烧断，末端断点与固定底座最近位置有小的放电痕迹。

(4) B相主绕组上下部与7(双数时是17)头相连的最外层调压绕组部分脱落。

检查情况如图2-2-2～图2-2-7所示。

图2-2-2 B相单数动触头固定销子脱落

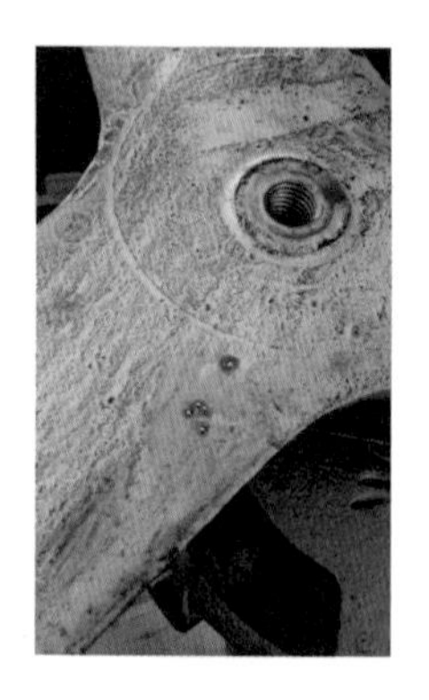

图2-2-3 B相切换开关动触头第三电阻与机构放电痕迹

图2-2-4 B相双数静触头与机构放电痕迹

图2-2-5 B相第三电阻已烧断且已变色

图2-2-6 B相调压绕组上部第7分接崩开

图2-2-7 B相绕组极性开关公共端压接线鼻子处有过热痕迹

3.4 电气试验数据及分析

（1）高压绕组直流电阻试验B相数据异常分析。

跳闸后直流电阻试验结果中，B相直流电阻在极性选择开关动作前为661mΩ，且单数开关位置1、3、5、7过程中均不变，极性选择开关切换后的13、15、17、19位置均为700mΩ，并且数据分别和A、C相的7头和17头数据相近（7头在极性选择开关动作后即为17头），可认为单数B相触头已经不动作。

吊开有载分接开关的选择开关，发现有载分接开关的选择部分单数B相动触头轴销脱落，导致选择开关的B相单数动触头停留在7位置。当日主变压器正常调压，在不同时间由6升压到12头，主变压器应为当日在6头到7头切换过程中脱落。

（2）主变压器有载油室短路过程分析。

由于B相选择开关单触头停留在7头位置，因此在7-8头时B相能正常切换，8-9切换时A、C相正常到了9头，而B相还在7头。一直到12头，具体6-12头对应关系见表2-2-7。

表2-2-7　　有载分接开关切换过程分头实际位置

切换令	极性开关	切换开关	A	B	C
5-6	+	单→双	单5双6	单5双6	单5双6
6-7	+	双→单	单7双6	单7双6	单7双6
7-8	+	单→双	单7双8	单7双8	单7双8
8-9（不停）	+	双→单	单9双8	单7双8	单9双8
9-10	+	单→双	单9双10	单7双10	单9双10
10-11（不停）	+到−	双→单	单11双10	单17双10	单11双10
11-12	−	单→双	单11双12	单17双12	单11双12

正常情况下，根据切换开关原理，在单双数切换过程中，每相的过渡电阻均承受一个分头的电压，按额定电压的1.25%计算为794V。即正常时每相电阻需承受一个分头电压。

B相切换单数不动后，在10-12头切换过程中，切换开关需切换2次，先极性开关动作由+到-，同时选择开关由10-11，此时上部切换开关由双到单，到达11头前由于极性开关动作，单数分头变成了17，双数触头还为10分接，因此切换开关动作时，过渡电阻将承受7个分头电压，约为5600V。经测量过渡电阻阻值为2Ω，因此过渡电阻短时通过电流为：5600/2=2800A。

过渡电阻由于耐受不住2800A电流而发热熔断，由于熔断的是第三电阻，此时切换开关还在过渡过程中，还未到单数触头，另外分头间产生的电流均为电感电流，不能突变，因此在过渡电阻断开瞬间会产生电弧，并且一直持续，引起切换开关油室的油剧烈气化，造成油室绝缘降低，发展到双数触头对固定铁箱体（相当于中性点，即单数17分接）电弧放电，而此放电一旦建立，相当于17分接与12分接间的匝间短路，在变压器正常有负荷时不会自己熄灭，且电流较大，引起切换开关油室剧烈气化喷油。匝间短路电流产生的电动力同时造成B相绕组薄弱部位崩开。直到瓦斯和差动保护动作跳开三侧断路器，电弧熄灭。

由于开关切换到11分接后不会停留，将继续向12分接前进，无论此时是否已经跳开三侧断路器，有载分接开关将继续完成到12分接的切换。因此最终位置就是变压器跳闸后的最终状态。

3.5 主变压器本体油产生乙炔分析

上述匝间短路电流将流过极性开关、选择开关、B相调压绕组，在B相极性开关公共端接线柱处发现的过热痕迹应为本次短路所致，由于铜鼻子及垫片已经有熔化，因此其温度将大于1000℃（纯铜熔化温度为1083.4℃），而乙炔的产生温度为800℃左右，因此本体产生的乙炔应为B相极性开关公共端接线柱处产生，说明该处有接触不良的现象。

4 综合分析

通过现场勘验、试验检查、保护、故障录波、监控记录结果等信息综合分析认为：

主变压器有载分接开关的选择开关B相单数选择动触头轴销脱落，导致单数触头不再转动，是造成本次短路的直接原因。

5 采取的措施

（1）SYXZ型有载分接开关可靠性不足，存在先天缺陷，应在可能的情况下停止该型号开关调压或者改为手动调压，以减少有载分接开关的故障几率。

（2）SYXZ型有载分接开关更换速度较慢，应加快变压器大修速度。计划3年内完成剩余有载分接开关的更换。

（3）AVC自动电压控制系统实施后变压器调压频次大大增加，有载分接开关动作次数较多，约增长了200%～500%。应探讨AVC的调压逻辑，减少调压次数。

案例2-3

有载分接开关真空泡螺栓脱落造成短路引起重瓦斯保护动作

1 情况说明

1.1 缺陷过程描述

2018年10月13日11时5分22秒，某110kV变电站1号主变压器有载分接开关压力释放阀喷油，1号主变压器有载重瓦斯动作，造成1号主变压器保护非电量保护动作跳开101、301、501断路器。1号主变压器有载分接开关档位单转双时，过渡波形C相出现断点。怀疑1号主变压器过渡电阻烧毁，变压器油沸腾冲击有载重气体继电器挡板，造成主变压器跳闸，14日对1号主变压器有载分接开关进行吊检，发现切换芯子C相单数真空泡底部螺栓脱落，过渡电阻烧毁，15日对1号主变压器有载分接开关切换芯子进行更换。

1.2　缺陷设备基本信息

主变压器设备基本信息：

主变压器型号：SSZ11-50000/110。

生产厂家：常州西电变压器有限责任公司。

出厂日期：2014 年 8 月。

投运日期：2014 年 9 月。

有载分接开关基本信息：

型号：ZVMⅢ550-72.5/B-10193W。

厂家：贵州长征电气有限公司。

出厂日期：2014 年 5 月。

投运日期：2014 年 9 月。

2　检查情况

2.1　缺陷发生前的工况

（1）天气简况。

2018 年 10 月 13 日 11 时 5 分，天气晴，温度 22℃，风力 3-4 级。

（2）运行方式。

该变电站有 110kV、35kV、10kV 三个电压等级，两台主变压器容量为（50MVA＋40MVA）。两台主变压器高压侧并列运行，110kV4 母、5 母并列运行，146 断路器在合位；1 号主变压器三侧 101、301、501 断路器在合位，2 号主变压器三侧 102、302、502 断路器在合位，35kV4 母、5 母分列运行，345 断路器在分位；10kV4 母、5 母分列运行，545 断路器在分位；事故发生时站内无操作、无工作。

2.2　异常情况，缺陷先兆

主变压器有载分接开关重瓦斯保护动作，无故障先兆。

3　原因分析

3.1　现场情况

主变压器有载重瓦斯保护动作，三侧断路器跳开。

现场检查 1 号主变压器有载分接开关压力释放阀喷油。站内 110kV、35kV、10kV 母线、电压互感器、避雷器，各出线断路器、隔离开关、电流互感器等设备未见异常。

3.2　电气试验情况

跳闸后，组织人员对 1 号主变压器进行有载过渡波形及直流电阻试验。过渡波形试验数据异常，有载分接开关档位单转双时，过渡波形 C 相出现断点。1 号主变压器有载分接开关过渡波形及高压试验报告，如图 2-3-1 所示。

3.3　有载分接开关检查情况

故障发生后，相关人员立即赶到现场，快速开展故障检查分析及抢修工作。对 1 号主变压器有载分接开关进行吊检。经检查发现 1 号主变压器切换芯子 C 相单数真空泡底部螺栓脱落（如图 2-3-2、图 2-3-3 所示），过渡电阻烧毁，检修人员立即联系厂家配发切换芯子，进行更换工作。过渡电阻烧毁情况如图 2-3-4 所示。螺栓划扣情况如图 2-3-5 所示。

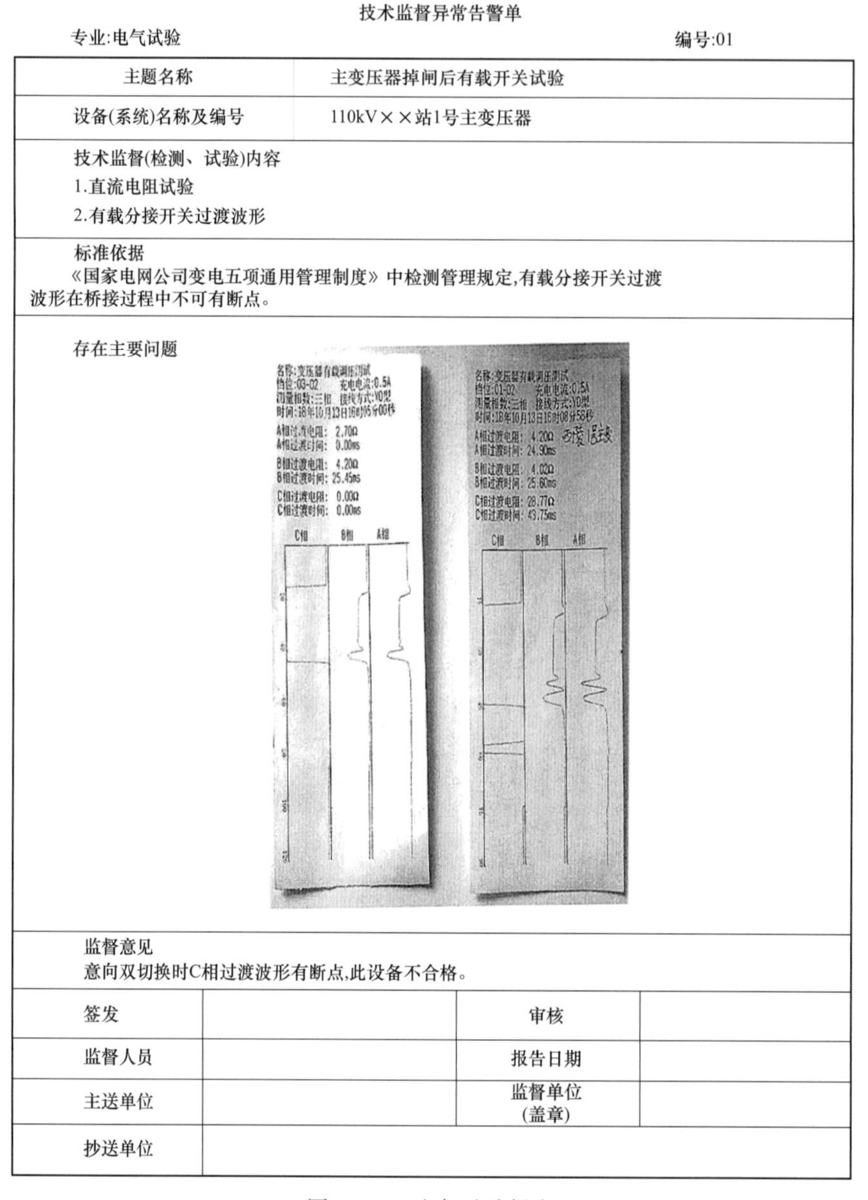

技术监督异常告警单

专业:电气试验　　　　编号:01

主题名称	主变压器掉闸后有载开关试验		
设备(系统)名称及编号	110kV××站1号主变压器		
技术监督(检测、试验)内容 1.直流电阻试验 2.有载分接开关过渡波形			
标准依据 《国家电网公司变电五项通用管理制度》中检测管理规定,有载分接开关过渡波形在桥接过程中不可有断点。			
存在主要问题 名称:变压器有载调压测试 档位:03-02　充电电流:0.5A 测量相数:三相　接线方式:YO型 时间:18年10月13日16时05分00秒 A相过渡电阻: 2.70Ω A相过渡时间: 0.00ms B相过渡电阻: 4.20Ω B相过渡时间: 25.45ms C相过渡电阻: 0.00Ω C相过渡时间: 0.00ms C相　B相　A相 名称:变压器有载调压测试 档位:01-02　充电电流:0.5A 测量相数:三相　接线方式:YO型 时间:18年10月13日16时08分58秒 A相过渡电阻: 4.20Ω A相过渡时间: 24.90ms B相过渡电阻: 4.02Ω B相过渡时间: 25.60ms C相过渡电阻: 28.77Ω C相过渡时间: 43.75ms C相　B相　A相			
监督意见 意向双切换时C相过渡波形有断点,此设备不合格。			
签发		审核	
监督人员		报告日期	
主送单位		监督单位 (盖章)	
抄送单位			

图 2-3-1　电气试验报告

3.4 故障原因分析

（1）主变压器有载分接开关故障，切换芯子 C 相单数真空泡底部螺栓脱落，过渡电阻烧毁是造成 1 号主变压器跳闸的直接原因。

（2）主变压器有载分接开关，切换芯子 C 相单数真空泡底部螺栓滑扣脱落到过渡电阻上，导致过渡电阻烧毁，产生的油气流冲击有载重瓦斯挡板造成主变压器跳闸。

图 2-3-2　真空泡脱落的螺栓和烧断的过渡电阻连片

图 2-3-3　螺栓脱落的真空泡

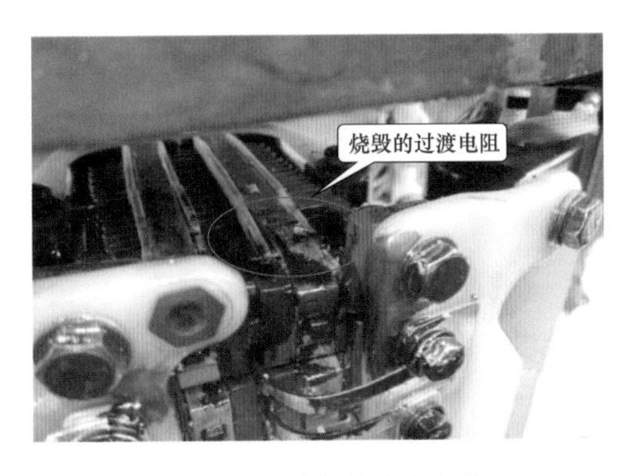

图 2-3-4　烧毁的过渡电阻

图 2-3-5　滑扣的螺栓

3.5　暴露出的问题

主变压器有载分接开关切换芯子安装工艺存在问题，螺栓未采取防松动措施，螺栓质量存在问题。

4　采取的措施

全面梳理该厂有载分接开关，根据有载分接开关年份及切换次数逐步安排主变压器有载分接开关大修。加强有载分接开关验收，新开关投运时，检查过渡电阻与各部位螺栓是否满足要求。

案例 2-4

有载分接切换开关辅助触头螺栓脱落造成重瓦斯保护动作

1　情况说明

1.1　缺陷过程描述

某 110kV 主变压器有载分接开关调分接头时，发生有载分接开关重瓦斯保护动作。

1.2 缺陷设备基本信息

主变压器设备基本信息：

主变压器型号：SSZ11-50000/110。

有载分接开关型号：VMⅢ400-72.5/B-10193W。

变压器生产厂家：保定保菱变压器有限公司。

有载分接开关厂家：贵州长征。

出厂日期：2012年7月。

投运日期：2013年5月。

2 检查情况

2.1 有载分接开关检查情况

吊检外观检查发现，B相V2真空管底部螺栓脱落，垫圈滑出，真空管底部垫圈与B相双数接触板发生烧损，如图2-4-1所示。

图2-4-1 吊检现场照片

2.2 异常情况，缺陷先兆

主变压器有载分接开关重瓦斯动作，无故障先兆。

3 原因分析

3.1 电气试验数据

（1）过渡电阻测试。

将V2真空管底部螺栓拧回，进行过渡电阻及切换波形测量，三相过渡电阻均为3.82Ω，结果正常。

（2）过渡波形，测试结论合格。

3.2 故障原因分析

（1）外观分析。

通过检查和测量，除B相V2真空管底部螺栓掉落，垫圈与接触板发生烧损外，有载分接开关其余部分均正常，其余5只真空管底部螺栓无松动现象。

（2）有载分接开关重瓦斯保护动作原因。

通过检查和测量结果分析，真空管底部螺栓掉落，垫圈滑出与双数接触板接触在一起，有载分接开关切换时，V2真空管无法断开，电流通过真空管底部垫圈直接通过接触板，绕过过渡电阻，回路发生短路，导致接触板烧损，变压器油发生油流涌动。综上所述，有载分接开关重瓦斯保护动作的原因是B相V2真空管底部螺栓掉落。

（3）垫片掉落可能原因分析。

1）有载分接开关出厂时未拧紧，有载分接开关出厂前工序为干燥、耐压试验、收尾，收尾后未对螺栓再次进行紧固检查，属于开关生产商质量管理问题。

2）有载分接开关运至变压器厂后，在变压器厂出厂前也会随变压器一起干燥，干燥后紧固件容易松动，若干燥后变压器厂未对有载分接开关紧固件进行检查紧固，螺栓也会掉落。

综上两方面的原因，加上有载分接开关运行过程中有一定振动，加之螺栓头朝下，随着切换次数增多，最终掉落。厂家缺陷统计数据表明，真空 M 型有载分接开关在此前运行过程中，未出现过此类案例，属个例。

4　采取的措施

全面梳理该厂有载分接开关，根据有载分接开关年份及切换次数逐步安排主变压器有载分接开关大修。加强有载分接开关验收，新开关投运时，检查过渡电阻与各部位螺栓是否满足要求。

案例 2-5

有载分接切换开关侧壁挤压触头烧损造成重瓦斯保护动作

1　情况说明

1.1　缺陷过程描述

2020 年 10 月 17 日，某 110kV 变电站 1 号主变压器正常运行，在进行有载分接开关远方调压操作后，1 号主变压器有载分接开关气体继电器重瓦斯保护首先动作，随后主变压器本体气体继电器重瓦斯保护动作。

1.2　缺陷设备基本信息

主变压器设备基本信息：

主变压器型号：SSZ10-40000/110。

有载分接开关型号：MIII500-72.5/B-10193W。

变比：110kV/35kV/10kV。

连接组别：Y0/y0/d11。

变压器生产厂家：保定保菱变压器有限公司。

有载分接开关厂家：贵州长征电气有限公司。

出厂日期：2006 年 9 月 1 日。

投运日期：2007 年 8 月 30 日。

2　检查情况

2.1　缺陷发生前的工况

该主变压器于 2007 年 8 月 30 日投运，运行时间 13 年，动作次数 11876 次，近五年未进行过有载分接开关检修。

2.2　异常情况，缺陷先兆

主变压器有载分接开关重瓦斯保护动作，无故障先兆。

3 原因分析

3.1 试验结果

在油务试验人员取完本体及有载油样进行相应的油务试验时，安排进行 1 号主变压器进行高压试验，根据试验结果，判断主变压器内部高压 B 相回路存在开路情况。

3.2 变压器本体及有载分接开关检查情况

有载分接开关进行放油后，打开开关头盖提出切换开关并对其进行检查，油室底部未发现异物，但发现有载分接开关切换开关 B 相主触头存在放电烧蚀痕迹（见图 2-5-1），并且有载分接开关油室内的静触头也存在放电烧蚀痕迹（见图 2-5-2），初步判断为有载分接开关故障导致有载分接开关重瓦斯保护动作。但根据有载重瓦斯保护及本体重瓦斯保护均动作现象，结合主变压器试验结果，判断主变压器有载分接开关选择开关存在故障，故先安排主变压器人孔钻检检查检修工作。

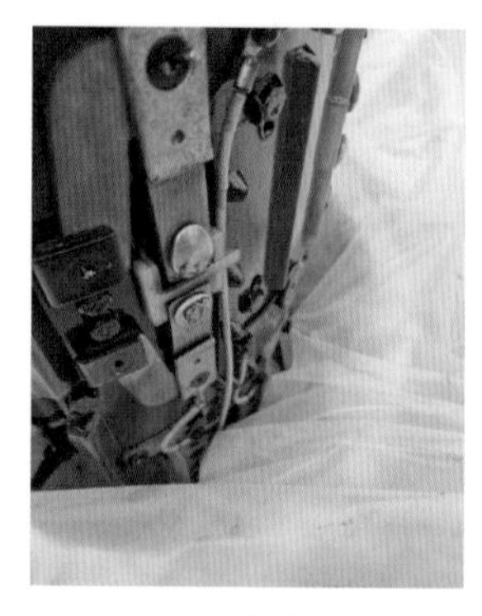

图 2-5-1 B 相主触头放电烧蚀痕迹

图 2-5-2 静触头放电烧蚀痕迹

在彻底放干净主变压器本体内部油后，通过主变压器人孔进行钻检，发现主变压器油箱底部有脱落的有载分接开关选择开关均压罩（见图 2-5-3），并且对有载分接开关选择开关进行检查，发现有载分接开关选择开关 B 相“6”挡上屏蔽环及 A 相“5”挡下屏蔽环放电烧蚀严重（见图 2-5-4），选择开关动触头已烧毁（见图 2-5-5），并且选择开关绝缘主轴存在放电痕迹，动触头轨道连接点存在放电痕迹（见图 2-5-6）。对主变压器绕组检查未发现异常情况。

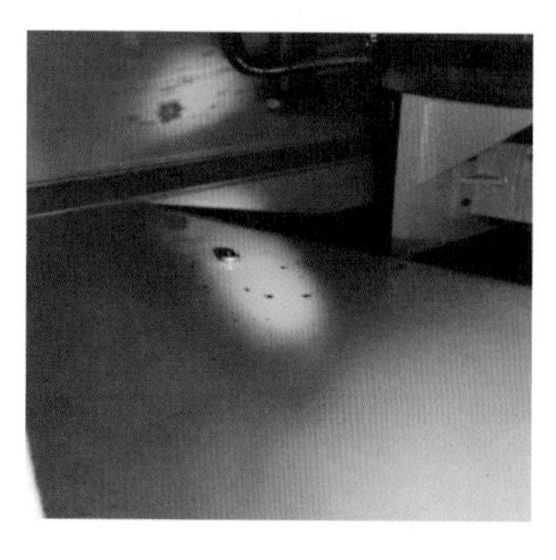

图 2-5-3 有载分接开关选择开关均压罩

图 2-5-4 屏蔽环放电烧蚀严重

3.3 故障处理情况

根据现场故障现象，有载分接开关切换开关吊检检查、主变压器人孔钻检检查及相关试验检查结果，判断主变压器有载分接开关的选择开关及切换开关均已烧毁，无法使用，检修迅速联系厂家准备相关配件，并对主变压器进行吊罩处理，进行主变压器有载分接开关整体更换工作。

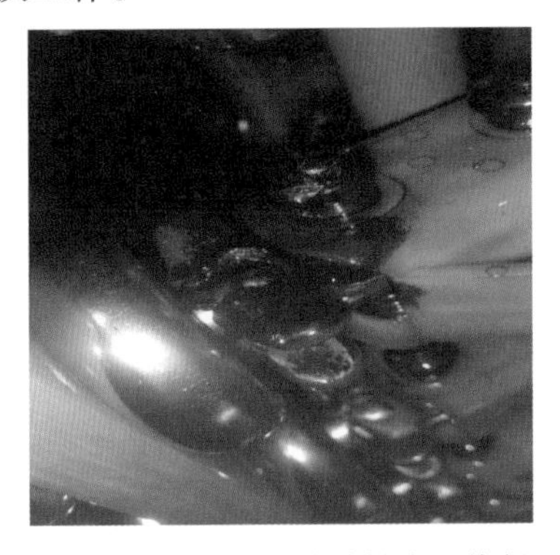

图 2-5-5　选择开关动触头已烧毁

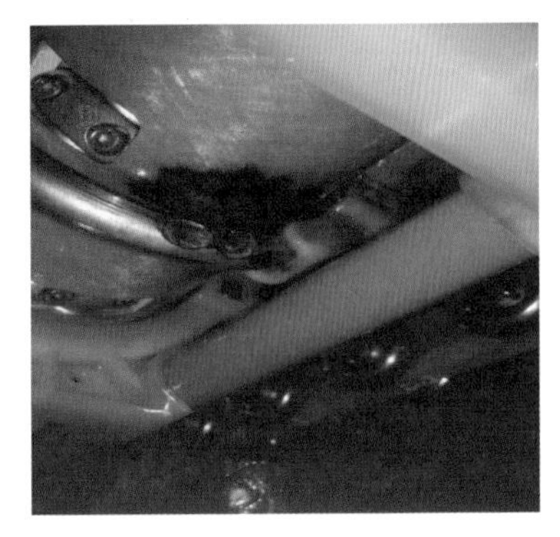

图 2-5-6　动触头轨道连接点存在放电痕迹

在主变压器吊罩后，对主变压器绕组再次进行检查，未发现异常情况（见图 2-5-7）。检查主变压器有载分接开关选择开关确实已损坏无法使用（见图 2-5-8 和图 2-5-9），但有载分接开关与绕组连接线良好，接头也良好无损坏迹象（见图 2-5-10）。故对有载分接开关整套设备进行更换，更换后接线良好（见图 2-5-11）。

图 2-5-7　正常主变压器绕组

图 2-5-8　选择开关损坏图（一）

图 2-5-9　选择开关损坏图（二）

图 2-5-10　分接开关与绕组连接线、接头良好

图 2-5-11　设备更换，接线良好

3.4　故障原因分析

在对有载分接开关检查时发现，主变压器有载分接开关有载重瓦斯及本体重瓦斯均动作，根据现场实际现象及吊罩后检查结果，判断为是由于主变压器有载分接开关选择开关故障造成的气体继电器动作。

从图 2-5-12 的分接选择器烧损现象：A 相触头“5”下端部有烧损痕迹，B 相触头“6”有烧熔现象，两个触头之间的屏蔽罩有烧损。说明开关 A、B 相之间存在放电现象，导致屏蔽罩烧毁。M 型该型号开关相间绝缘水平为：工频 50kV（50Hz1min）、冲击 265kV（1.2/50μs），该绝缘水平、绝缘距离行业内都完全相同。

从图 2-5-13 选择器动触头烧损痕迹：烧损在动触头的中部位置，开关处于正常接触的状态，开关调档到位后才出现的烧损。若动触头接触压力不可靠引起烧损，所有的静触头都会存在烧损痕迹，导电环圆周也会出现烧损。但现场分接选择器的其余静触头没有烧损的痕迹，且导电环只有触头“6”位置烧损。说明动触头不存在接触不可靠的情况。

图 2-5-12　分接选择器烧损现象

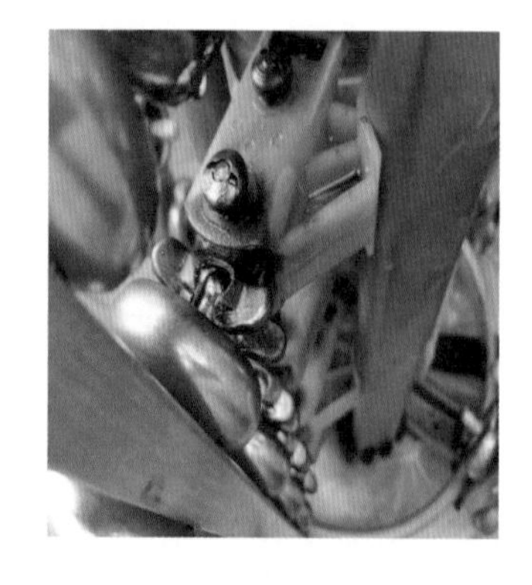

图 2-5-13　选择器动触头烧损痕迹

综合上述现象得出结论：选择开关 A、B 相间瞬间有短路现象，使得回路中产生大电流，大电流进一步造成切换芯子弧形板静触头和油室触头烧蚀。

而造成 A、B 相间短路产生大电流的可能原因包括：①在 5/6 号绝缘板条 A、B 间变压器油中有悬浮异物；②相间瞬间有过电压产生。

根据后台监控记录检查显示，在故障发生时没有检测到过电压现象的发生，初步排除相间过电压导致相间短路的原因。在对脱落的均压罩检查时发现，均压罩上存在放电烧蚀痕迹（见图 2-5-14），同时在对选择开关 A 相“5”触头及 B 相“6”触头均压罩端屏蔽环检查过程中，发现 A 相“5”端的屏蔽环下端存在放电迹象（见图 2-5-15）。

结合上述现象，判断造成该故障的原因为：选择开关固定螺栓的均压罩由于在安装过程中存在损伤，随着运行时间的加长，该均压罩在切换过程中脱落，与同端屏蔽环绝缘距离不够，两者之间放电将均压罩击飞，均压罩在被击飞过程中，由于切换中有载分接开关油流的原因，带动均压罩流入至 A 相“5”下端屏蔽环与 B 相“6”上端屏蔽环之间，造成绝缘距离不够，使得两个屏蔽环之间放电短路，产生大电流，烧毁选择开关触头以及屏蔽环，造成此次故障的产生。

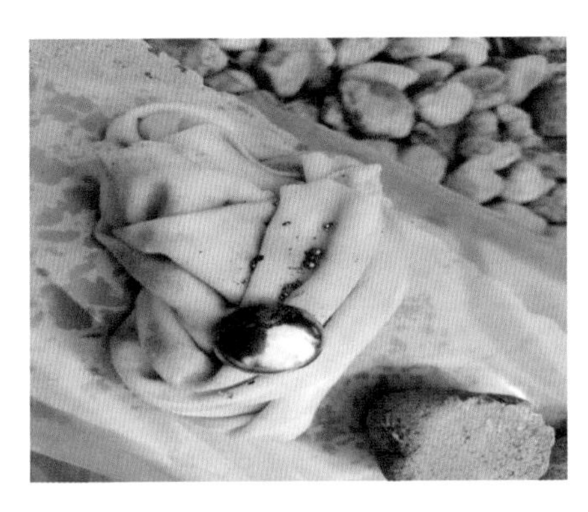

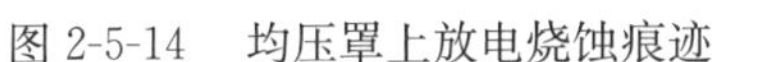

图 2-5-14　均压罩上放电烧蚀痕迹

图 2-5-15　屏蔽环下端存在放电迹象

4　采取的措施

加强对相应主变压器运行状态的监视，加强主变压器有载分接开关运行状态的监控，增加有载及本体的油化试验频次，及时了解主变压器及有载分接开关的状态。

案例 2-6

有载分接开关过渡电阻接触不良造成重瓦斯保护动作

1　情况说明

1.1　缺陷过程描述

2013 年 3 月 31 日，某 110kV 变电站 1、2 号主变压器分列运行，2 号主变压器有载分接开关由分列改为并列运行操作中，有载分接开关由 7 档升至 8 档切换完成后，有载调压重瓦斯动作，主变压器三侧断路器跳闸。吊芯检查发现，1 只过渡电阻连接片松动，接触不良造成过热。

1.2　缺陷设备基本信息

主变压器设备基本信息：

主变压器型号：SFSZ10-40000/110。

有载分接开关型号：SHM-1-10193W。

变压器生产厂家：保定天威保变电气股份有限公司。

有载分接开关厂家：上海华明电力设备制造有限公司。

出厂日期：2004 年 12 月。

投运日期：2005 年 4 月。

2 检查情况

2.1 切换开关解体检查

2013 年 3 月 31 日 23 时，对有载切换开关进行放油检查，打开开关头盖提出切换开关（如图 2-6-1 所示），检修人员发现有载切换开关 B 相弧形板过渡弧触头与过渡电阻连接的铜连接片（10 片叠加）烧断（如图 2-6-2 所示），导致有载分接开关重瓦斯保护动作，主变压器三侧断路器跳闸，过渡弧触头和纽扣垫片由于接触面过热烧熔而脱落，纽扣垫片掉入切换开关油箱内。触头弹簧及固定装置变形卡在弧形板过渡触头上孔壁上，过渡弧触头掉到切换开关的滑道里。对切换开关进行人工切换，发现切换开关由单数不能切换到双数。图 2-6-3 为触头垫片情况图。

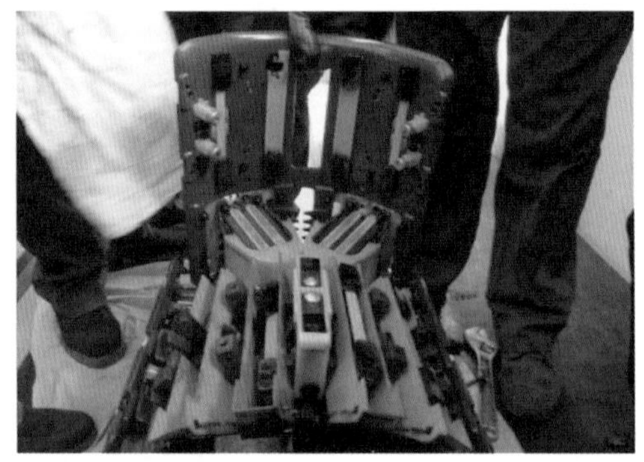

图 2-6-1　打开开关头盖提出切换开关

图 2-6-2　有载切换开关 B 相弧形板过渡弧触头与过渡电阻连接的铜连接片（10 片叠加）烧断

2.2 异常情况，缺陷先兆

主变压器有载分接开关重瓦斯保护动作，无故障先兆。

2.3 处理过程

将切换开关枪击机构打到中间位置，先拆掉外边的 4 条 M6 螺栓，再拆掉里侧的 4 条 M6 螺栓。取下弧形板，拿出过渡弧触头发现其根部由于连接松动而造成过热烧损连接螺栓帽，使其从纽扣垫片中脱落，掉入切换开关动触头处造成开关不能切换，如图 2-6-4 所示。

更换新的过渡弧触头及与过渡电阻的连接片，检查 A、C 相弧形板上的过渡弧触头，发现 A 相弧形板上的过渡弧触头有 2 个松动，C 相弧形板上的过渡弧触头有 1 个松动。拆下纽扣垫片，取下弹簧固定帽、弹簧、两个铜过渡垫圈、过渡弧触头。发现过渡连接铜垫及过渡弧触头连接处有放电痕迹，经过打磨处理回装紧固，如图 2-6-5 所示。检查各编织软铜线无断股，动触头动作灵活无卡滞，过渡电阻、回路电阻测量合格。对所有紧固件进行紧固检查，如图 2-6-6 所示。

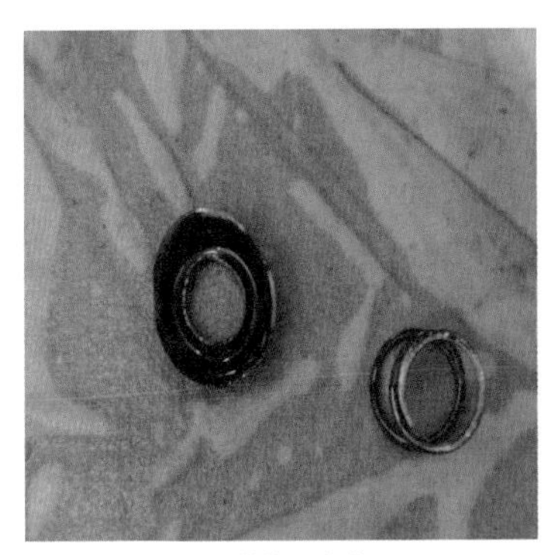

(a) 弹簧及卡座

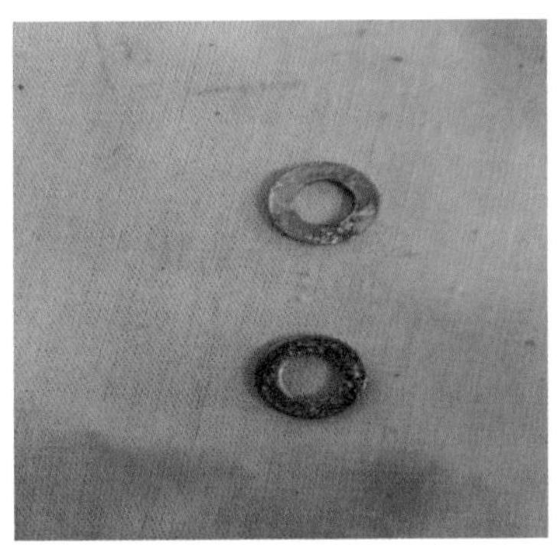

(b) 连接铜垫片

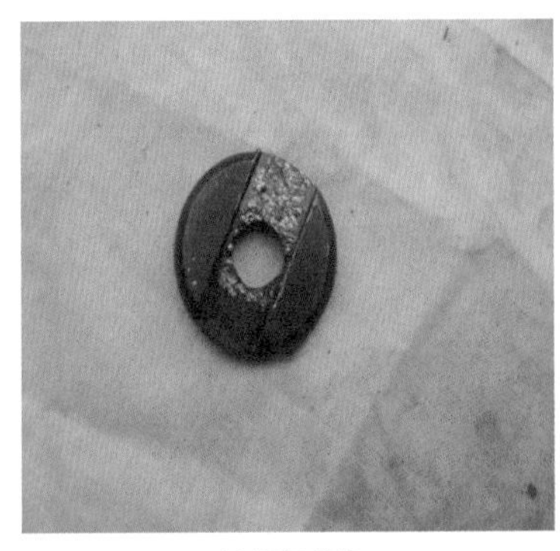

(c) 纽扣垫片

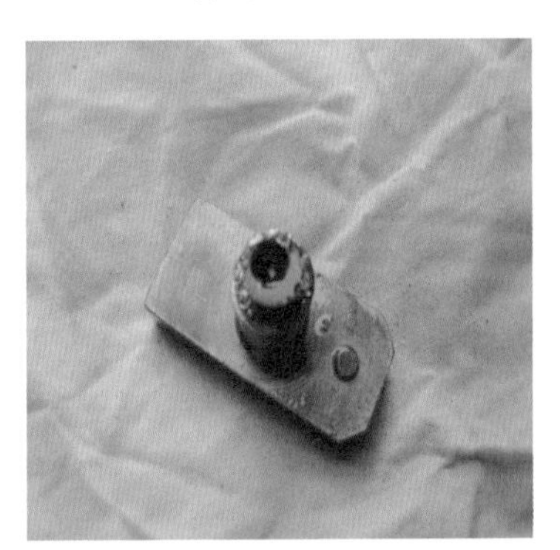

(d) 过渡弧触头

图 2-6-3　触头垫片情况

图 2-6-4　螺栓帽脱落造成开关不能切换

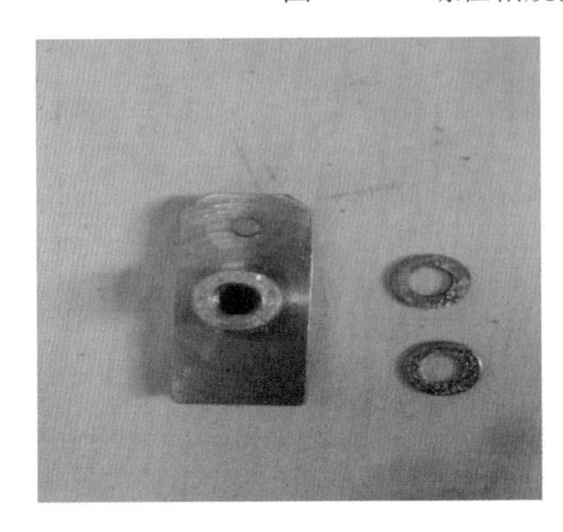

图 2-6-5　过渡连接铜垫及过渡触头

图 2-6-6　紧固后纽扣垫片

有载切换开关油室检查，放掉切换开关油箱内残油，在油箱底部找到过渡弧触头的纽扣垫片。观察油箱筒壁上的静触头，没有过热和放电痕迹，利用正压法对油箱筒壁进行试漏，观察20min没有渗漏迹象。用百洁布打磨静触头。

释放枪击机构至整定位置，回装有载切换开关，注入合格变压器油，安装有载分接开关头盖，连接水平连杆传动轴，更换有载气体继电器并加装下引集气盒。给有载分接开关进行补油，对开关头盖、出油管及瓦斯进行排气，进行连接校验，调整油位至合格位置，2号主变压器投入运行。

2.4 综合分析

安装工艺不良，过渡弧触头与过渡电阻连接片处螺栓紧固力不够，个别有松动现象，由于有载分接开关实行AVC调压以后，动作频繁，每天调压在20次之内，造成过渡弧触头与过渡电阻固定螺栓连接处更加松动，使其过热放电，造成有载重瓦斯动作。

3 采取的措施

加强有载分接开关的入厂监造，对有载轻瓦斯频发信号的主变压器进行有针对性的停电吊检，更换气体继电器为带集气盒下引型。多方收集调压信息，做好设备检修维护。

案例2-7

有载分接开关切换开关触头接触不良

1 情况说明

1.1 缺陷过程描述

由ABB公司生产的UCG型变压器有载分接开关，在检修预试时，测得工作触头接触电阻偏大。对切换开关吊检发现，触头表面附着络合物层，造成接触不良，影响绕组直流电阻测试数据。

1.2 缺陷设备基本信息

主变压器设备基本信息：

主变压器型号：SFZ10-50000/110。

有载分接开关型号：CMⅢ-500Y/72.5B-10193W。

变压器生产厂家：青岛青波变压器股份有限公司。

有载分接开关厂家：ABB公司。

出厂日期：2003年10月。

投运日期：2004年11月。

2　原因分析

2.1　检修前直流电阻试验

（1）单数分接头绕组的直流电阻值三相相差较多，不平衡系数较大。双数分接头则相对较少。检修前直流电阻试验值见表 2-7-1。

表 2-7-1　　检修前直流电阻试验　　Ω

	位置	AO	BO	CO	不平衡系数（%）
高压侧	1	0.3497	0.3532	0.3539	1.19
	2	0.3441	0.3469	0.3458	0.81
	3	0.3393	0.3435	0.3430	1.23
	4	0.3342	0.3370	0.3359	0.83
	5	0.3294	0.3339	0.3328	1.36
	6	0.3243	0.3269	0.3259	0.80
	7	0.3196	0.3240	0.3226	1.37
	8	0.3144	0.3169	0.3159	0.79
	9	0.3085	0.3106	0.3089	0.68
	10	0.3137	0.3165	0.3152	0.89
	11	0.3193	0.3243	0.3218	1.55
	12	0.3237	0.3266	0.3251	0.89
	13	0.3293	0.3352	0.3315	1.78
	14	0.3334	0.3362	0.3350	0.84
	15	0.3391	0.3443	0.3416	1.52
	16	0.3432	0.3460	0.3448	0.81
	17	0.3490	0.3525	0.3517	1.00

（2）A 相的直流电阻值比 B、C 相小而且从 1 至 17 分头级差相同，数据规律一致，B、C 相直流电阻级差数值相差很多、不符合规律。

2.2　结构分析

UCG 型有载分接开关是组合式结构，切换开关采用双电阻过渡，在单、双数两个方向切换。其切换机构采用摆杆式结构，在连杆一次摆动中完成切换动作，连杆的本身既是快速机构的构件，又是切换机构的动触头支架。切换开关的触头部分由主定触头、灭弧定触头、过渡定触头、动触头、过渡动触头组成。主定触头和灭弧定触头是安装在一起的，利用动触头切换过程接触角度的变化来完成主触头和灭弧触头的接触变换。过渡定触头安装在绝缘板的下部，与过渡电阻相连。开关正常运行时，同一侧的主触头和过渡触头都处于合的位置。插入式触头与油室内侧的定触头相连，使切换开关与变压器本体中的分接选择器接通。UCG 型有载分接开关相对于 M 型和 V 型的开关，具有结构直观和便于检修的优点，见图 2-7-1。

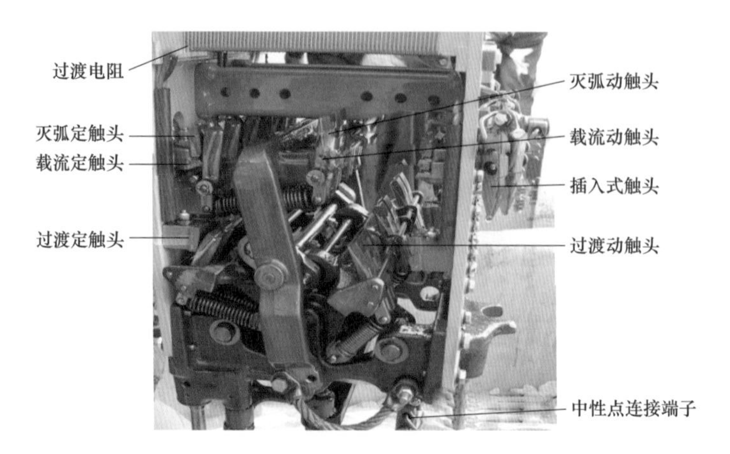

图 2-7-1　UCG 型切换开关结构

2.3 原因分析和处理

经过多次测量和反复比较后，首先排除了变压器套管与引线接头接触不良的可能，若引线接触不良，绕组每个分接头的直流电阻值都将增大，而不会出现单数分接头绕组的三相直流电阻值相差较多，双数分接头正常这种情况。通过测量变压比，试验数据正常，也排除了绕组存在匝间短路和断线的可能性。从三相直流电阻的测量数值来看，A 相的数值较好很有规律性，而 B、C 相则是单数分接头直流电阻值较大而双数较小，由此判断原因可能是变压器有载分接开关切换开关的单数侧主工作触头接触不良，或者由于切换开关的引出线插入式触头接触不良造成，另外也可能由于分接选择器的单数触头氧化严重造成。

分接选择器的触头表面为镀银材质导电性能良好，并且在电气试验过程中经过几百次切换，触头表面高分子络合物附着层和油膜可被破坏，不应造成接触不良，理论上可能性非常小。

图 2-7-2　触头表面形成氧化膜

当吊出有载分接开关切换部分时发现，在 B、C 相的主定触头和动触头表面有轻微的脏污，又由于变压器刚投运不久切换次数较少，开关主定触头为纯铜材质，在触头表面的氧化层还未经频繁切换而被打磨掉，从而造成了分接开关接触不良，如图 2-7-2 所示。在现场通过测量切换开关检修前后的接触电阻进一步证明了这一点，具体数据见表 2-7-2。

从表 2-7-2 的数据中可以看出检修前有载分接开关的接触电阻远远超出 500μΩ 的试验标准，若不及时进行检修，将因接触不良而发热，在带电切换分接头时烧损，影响变压器的安全运行。通过对切换开关主触头氧化现象的确定，排除了切换开关的引出线插入式触头接触不良造成的直流电阻值异常的可能性，插入式触头为定触头，正常运行时只有切换开关动作时有轻微的震动和摩擦，表面形成的氧化层难于清除掉，为了防止触头表面的氧化膜对运行状况的影响，插入式触头也要进行处理。随后检修人员对开关主触头和插入式触头表面进行打磨和清洁，变压器高压绕组直流电阻值恢复正常。具体数据见表 2-7-3。

表 2-7-2　有载分接开关接触电阻试验　μΩ

测量位置	检修前		检修后	
	单	双	单	双
A	930	260	22	24
B	3450	750	22	38
C	1400	700	21	22

表 2-7-3　检修后直流电阻试验　Ω

	位置	BO	CO	不平衡系数（%）
高压侧	1	0.3523	0.3507	0.80
	2	0.3478	0.3459	0.81
	3	0.3421	0.3405	0.80
	4	0.3377	0.3358	0.81
	5	0.3324	0.3306	0.82
	6	0.3278	0.3260	0.86
	7	0.3224	0.3206	0.84
	8	0.3178	0.3159	0.86
	9	0.3114	0.3089	0.81
	10	0.3171	0.3151	0.83

对主变压器吊芯检查，除上述三处放电部位外，绕组、铁芯等各部位检查未见异常。

2.4 故障原因分析

早期拍打式切换开关切换过程触头摩擦轻微，不能有效去除静止期间形成的络合物薄膜，造成接触不良和绕组直流电阻增大。

3 采取的措施

运行中切换频率低的有载分接开关，由于长期浸泡在变压器油中，使触头表面形成氧化膜，必然会对试验数据产生影响，在检修时要处理开关表面的氧化膜。近年来多次出现新变压器由于有载分接开关的原因而造成试验数据异常的情况，宜对新安装变压器的有载分接开关进行吊检。

案例 2-8

有载分接开关极性选择器触头悬浮放电

1 情况说明

1.1 缺陷过程描述

2017 年 11 月 22 日，某 110kV 变电站 2 号主变压器进行油色谱试验发现，乙炔含量 282.72μL/L（标准为 5μL/L）；氢气含量 401.28μL/L（标准为 150μL/L），乙炔含量远远超过标准注意值，本体油耐压试验结果 55kV，有载分接开关油耐压试验结果 42kV，均未超过标准注意值，当日取油样进行复试，试验结果前后偏差不大。立即安排对该主变压器进行带电测试，高频局放未发现异常放电信号特征图谱，红外热像检测未发现明显过热点，铁芯接地电流测试结果在 1.5mA 左右，远小于 100mA 的标准注意值。

1.2 缺陷设备基本信息

主变压器设备基本信息：

主变压器型号：SSZ10-40000/110。

有载分接开关型号：CMⅢ-500Y/72.5B-10193W。

变压器生产厂家：保定保菱变压器有限公司。

有载分接开关厂家：上海华明电力设备制造有限公司。

出厂日期：2008 年 2 月。

投运日期：2008 年 12 月。

2 异常发生前运行情况

2.1 异常发生前的工况

异常发生前，主变压器运行情况正常。

2.2 异常情况，缺陷先兆

本次异常无先兆。

3 原因分析

3.1 主变压器油化试验数据分析

主变压器油化试验的历次试验数据如表 2-8-1 所示。

（1）根据三比值法编码 202，特征组分气体乙炔含量严重超出注意值，总烃中乙炔占主要成分，相比增长率乙炔和乙烯增长明显，氢气含量也有增长，但明显小于乙炔增长速率，怀疑主变压器内部可能存在低能量放电。

表 2-8-1　　主变压器油化试验的历次试验数据

数据单位：特征气体（μL/L），油耐压（kV/2.5mm）

试验日期	相别	H_2	CO	CO_2	CH_4	C_2H_4	C_2H_6	C_2H_2	总烃
2012/03/14	2号	48.08	633.56	660.08	9.68	0.67	1.65	痕量	12.0
2012/12/17	2号	37.68	624.52	824	10.54	0.77	2.01	痕量	13.32
2013/10/18	2号	40.1	735.8	1104.61	11.98	0.93	2.52	0.13	15.56
2014/04/18	2号	33.02	626.65	1221.93	13.15	1.04	3.20	0.14	17.53
2015/03/11	2号	45.33	918.02	1219.95	14.45	1.01	3.03	0.19	18.49
2016/03/28	2号	38.59	774.71	1041.76	12.37	0.87	2.94	0.22	16.18
2017/11/22	2号	401.28	988.40	1980.17	48.76	51.56	7.51	282.72	390.55
2017/11/22（复试结果）	2号	464.405	978.17	1647.523	48.23	48.27	7.14	261.43	365.06
2017/11/22	有载油	16518.2	375.48	2252.44	734.29	245.68	2351.25	2338.51	5669.73

（2）C_2H_2/H_2是0.56，不符合内漏的判断结果（$C_2H_2/H_2>2$认为有载向本体油箱渗漏造成），同时其他特征气体增长相比乙炔不显著，乙炔异常增长，没有一个缓慢增长过程，内漏一般不会造成乙炔含量增长这么多。选取H_2、CH_4、C_2H_4、C_2H_6、C_2H_2五种特征气体作为样本，计算本体和有载油特征气体含量相关系数$r=0.89$，（一般认为$r\geqslant0.9$即可认为有载分接开关可能存在内漏，r越接近1，有载分接开关内漏的可能性越大），以上分析结果均不满足有载渗漏条件，排除有载分接开关内漏可能。

（3）一氧化碳、二氧化碳含量变化很小，分析认为主变压器内部缺陷没有涉及油纸绝缘。

（4）主变压器内部乙烯含量并不太高，基本排除主变压器电回路内部过热可能。

3.2　电气试验数据分析

2017年11月22日对主变压器进行带电测试，高频局放未发现异常放电信号特征图谱，红外热像检测未发现明显过热点，铁芯接地电流测试结果在1.5mA左右，远小于100mA的标准注意值。

11月24日对主变压器进行了直流电阻、绕组连同套管的介质损耗及电容量测试、铁芯绝缘电阻测试，均未发现异常，有载分接开关吊检后切换部分的过渡波形和过渡电阻无异常。

11月26日对主变压器进行了频响法绕组变形、阻抗法绕组变形测试，测试结果均未发现异常，数据纵、横比偏差均在规程要求偏差范围内，对2号主变压器进行局部放电测试，环境背景在50～60pC左右，$1.5Um/\sqrt{3}$电压下，高压侧三相局放量均小于200pC，小于标准要求的500pC，试验前后主变压器本体油样乙炔含量无明显增长。

综合以上油化和电气试验情况，基本排除有载分接开关内漏、主变压器绕组变形的可能，判断主变压器内部可能存在悬浮电压放电，需要重点检查的有：温度计座套过长，与上夹件或铁轭、旁柱边沿相碰；穿心螺杆钢座碰触铁芯；金属粉末或异物进入油箱中，淤积油箱底部在电磁力作用下形成桥路；分接选择器极性转换触头悬浮电压放电，铁芯接地线与硅钢片的连接排过长，触及其他硅钢片。

3.3 变压器本体及有载分接开关检查情况

(1) 验证有载分接开关是否存在内漏。

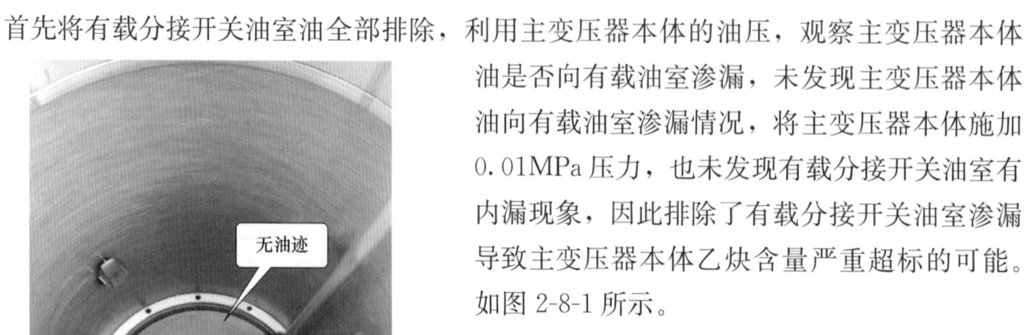

首先将有载分接开关油室油全部排除，利用主变压器本体的油压，观察主变压器本体油是否向有载油室渗漏，未发现主变压器本体油向有载油室渗漏情况，将主变压器本体施加0.01MPa压力，也未发现有载分接开关油室有内漏现象，因此排除了有载分接开关油室渗漏导致主变压器本体乙炔含量严重超标的可能。如图2-8-1所示。

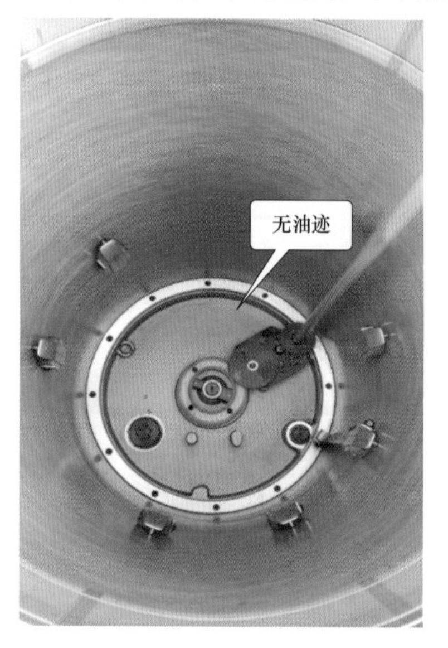

图2-8-1　主变压器本体油未向有载油室渗漏

(2) 重点部位检查情况。

排净主变压器本体绝缘油，拆除主变压器所有附件，吊开主变压器大罩，检查温度计座套、穿心螺杆、铁芯接地线与硅钢片的连接排均无放电痕迹，油箱底部无金属粉末或异物，检查发现分接选择器极性转换触头在动静触头端部有放电烧蚀痕迹，在触头正常接触位置没有放电痕迹。如图2-8-2和图2-8-3所示。

图2-8-2　静触头端部放电烧蚀点（俯拍）

图2-8-3　静触头端部放电烧蚀点（侧拍）

3.4 原因分析

对于正反调压有载分接开关，在极性转换触头动作过程中，调压绕组瞬时与主绕组分离，调压绕组会瞬间悬浮，此时在极性触头断口（0→+、0→−）间会产生恢复电压，此恢复电压的大小取决于相邻绕组的电压以及分接绕组与相邻绕组与对地部分之间的耦合电容。当恢复电压超过一定值时，在极性触头断口间可能会引起放电，从而在主变压器本体中产生乙炔气体。如图2-8-4所示。

该变压器自投运至2017年7月之前一直在9挡以下运行，极性开关没有动作过，因此不会有放电及乙炔现象发生，7月20～27日曾经到过10挡，8～10月一直在6～8挡，11月13～20日最高也到过10挡。极性触头的烧损点在端部位置而非正常接触位置的现象，可以确定本次故障原因就是极性开关触头动作时因恢复电压过高引起的。

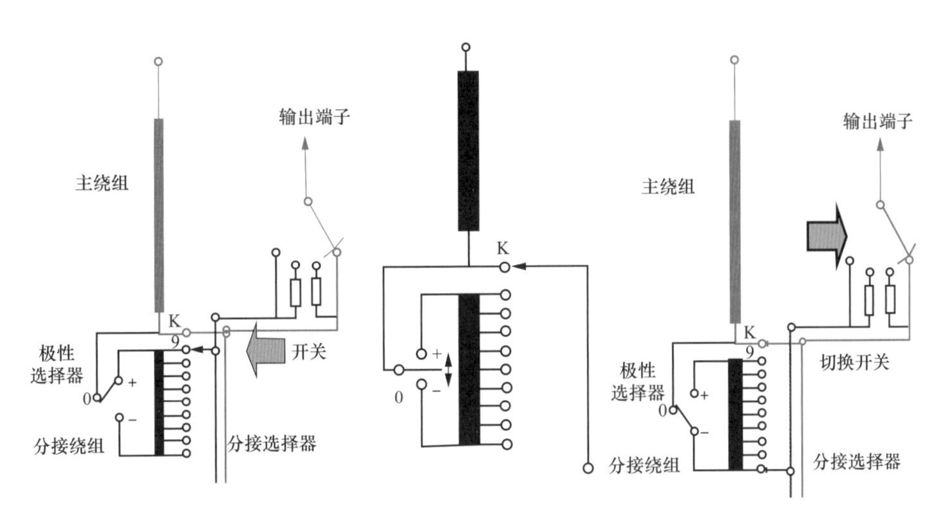

图 2-8-4　正反调有载分接开关

对于 CM 型开关用于 110kV 等级变压器，按照经验公式计算，一般恢复电压不会超过允许值，因而不需要加装电位电阻来降低此恢复电压。但有极个别的情况，恢复电压可能会高于允许值，需要加装电位电阻进行限制。

大修中发现的其他问题：①铁芯接地片松动，检修人员稍微用力就能将铁芯接地片拨出，如果不能保证铁芯一点可靠接地，会造成悬浮电位放电。②有载分接开关在线滤油机流速为 12L/min，大于在线滤油机要求的 10L/min，存在有载分接开关重瓦斯误动作的可能。③变压器有载分接开关至气体继电器的主连管有两个直角弯，减缓有载分接开关油流的速度，当有载分接开关发生故障时，存在不能准确跳开重瓦斯的可能。

3.5　缺陷处置过程

12 月 10 日首先对有载分接开关分接选择器进行了整体更换，新安装的分接选择器所有紧固件紧固良好，连接导线的松紧程度合适，连接“K”端分接引线在“+”“−”位置上与转换选择器的动触头支架的间隙均不小于 10mm，手摇操作分接选择器 1→n 和 n→1 方向分接变换，逐档检查分接选择器触头分合动作和啮合情况均正常。如图 2-8-5 所示。

图 2-8-5　有载分接开关分接选择器进行了整体更换

加装板式电位电阻，使调压绕组始终有一个电位连接进行限制，在检查电阻外表面完好，测量电阻阻值正常后，检修人员从变压器人孔进入，借助中压中性点的立杆对有载分接开关的电位电阻进行固定，经过厂家的计算，先把 3 个 100kΩ 电阻串联连接在每相的 5 分接（当有载分接开关位于调压绕组中间位置 5 分接时，电位电阻两端的电压为零，当位于调压绕组的其他分接时，电位电阻两端会产生级间电压差，为调压绕组相电压的一半），然后再并联接到中性点。如图 2-8-6 和图 2-8-7 所示。

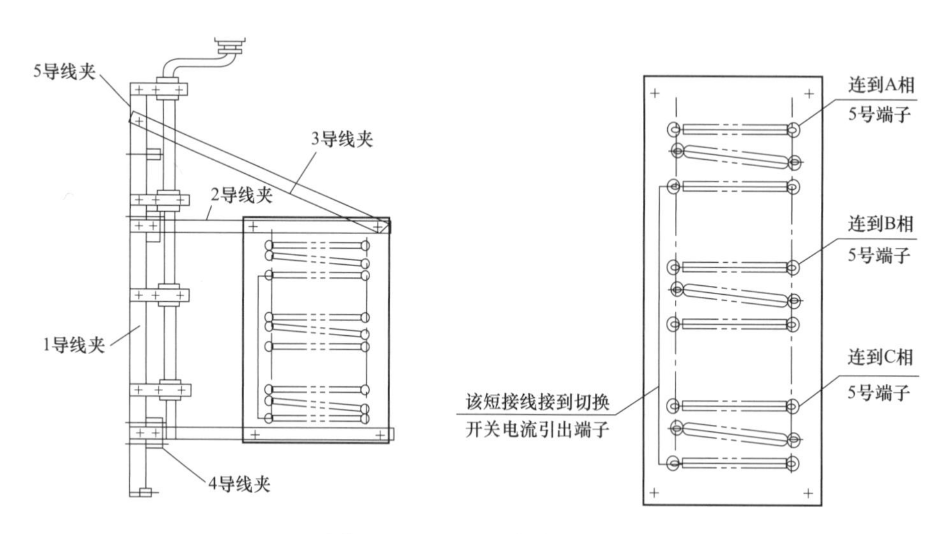

图 2-8-6　三相 5 分接示意图

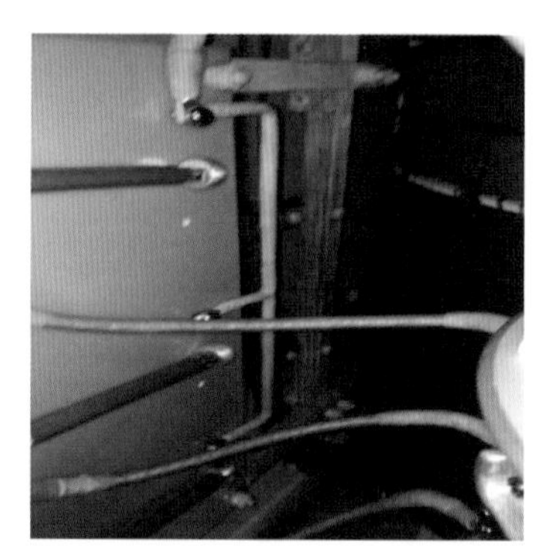

图 2-8-7　加装电位电阻

有载分接开关加装电位电阻完毕后，检修人员检查有载分接开关本体指示位置和操作机构以及远方指示位置，三者一致，进行有载分接开关正反圈数的联结校验，然后手摇操作一个循环，检查传动机构动作灵活，电动机构箱中的连锁开关、极限开关、顺序开关均正确动作，电动逐级操作两个循环，检查远方、就地操作，紧急停止按钮与电气限位开关的电气连锁动作均正确。

检修人员对该主变压器进行滤油和热油循环，热油循环油温控制 50±5℃，热油循环 12 小时后，取油样化验，过滤后变压器油以乙炔含量仅为 0.088μL/L，达到要求。之后进行真空注油，按照油温油位曲线调整到合适的油位，注油完毕后整体充分排气，静置 24h 后再次排气。修后试验，绕组连同套管的直流电阻、变比、绕组绝缘电阻和吸收比、介质损耗因数与电容量、分接开关过渡波形、外施耐压、局部放电等试验均满足规程要求，12 月 14 日进行局放试验通过，局放前后跟踪主变压器油色谱试验无异常变化，下午某 110kV 变电站 2 号主变压器投入运行。表 2-8-2 为色谱分析数据。

表 2-8-2 色谱分析数据 μL/L

试验日期	相别	H_2	CO	CO_2	CH_4	C_2H_4	C_2H_6	C_2H_2	总烃
2017/11/25（局放前）（便携设备）	2 号	500.38	820.86	1762.54	46.16	46.82	13.41	266.77	373.16
2017/11/25（局放后）（便携设备）	2 号	476.10	869.68	1817.26	49.51	52.59	8.21	280.72	391.03
2017/12/13（大修后局放前）	2 号	0	6.915	263.755	0.592	0	0	0.068	0.66
2017/12/14（大修后局放后）	2 号	0	5.649	174.364	0.353	0	0	0.088	0.441

4 采取的措施

变电检修室立即对容量为 40000kVA，有载分接开关为该厂生产的 CMⅢ-500Y/72.5B-10193W 型开关进行了排查，共 33 台。

加强主变压器油化试验，检查开关极性触头是否动作过（即 9 挡到 8 挡，或 9 挡到 10 挡）。如果极性触头动作过，变压器本体内没有乙炔，说明动作时的恢复电压在正常范围，可继续安全运行；如果极性触头动作过，变压器本体内发现乙炔，则与此情况类似，考虑加装电位电阻解决。

案例 2-9

有载分接开关切换开关油室上端密封面缺陷造成内漏

1 情况说明

1.1 缺陷过程描述

2012 年 11 月 30 日对某 110kV 变电站主变压器周期色谱分析，出现 6.74μL/L 的乙炔，从 12 月 3 日起至 12 月 9 日，每天对该变压器进行油色谱分析，乙炔逐渐增长，12 月 9 日已涨至 14.13μL/L；12 月 6、7 日，设备状态评价中心两次对其进行了局部放电带电检测，分别采用超声法和高频法两种方法联合检测，怀疑主变压器内部存在局部放电，12 月 9 日对该主变压器停电检修，对主变压器进行钻检未见异常，各项高压试验数据正常，12 月 15 日对主变压器有载绝缘筒内油全部清理干净后对主变压器本体油打正压后发现绝缘桶内有存油，发现有载分接开关切换绝缘筒与铝制顶盖密封法兰处渗漏油，判定该缺陷为主变压器有载绝缘筒存在渗漏缺陷。

1.2 缺陷设备基本信息

主变压器设备基本信息：

主变压器型号：SFSZ10—50000/110。

有载分接开关型号：CMⅢ-500Y/72.5B-10193W。

变压器生产厂家：保定保菱变压器有限公司。

有载分接开关厂家：上海华明电力设备制造有限公司。

出厂日期：2007 年 7 月。

投运日期：2007 年 10 月。

2 故障前运行情况

2.1 缺陷发生前的工况

发现缺陷时间为 2012 年 11 月 30 日，当地已进入冬季，缺陷发生前已有降雪，气温在－5℃～＋5℃，天气晴。

2.2 异常情况，缺陷先兆

主变压器有载分接开关重瓦斯动作，无故障先兆。

3 原因分析

3.1 油色谱试验数据

主变压器油色谱数据见表 2-9-1。

表 2-9-1　　主变压器油色谱数据　　μL/L

取样日期	H_2	CO	CO_2	CH_4	C_2H_4	C_2H_6	C_2H_2	总烃
2009-9-3	20.41	676.84	671.57	5.59	0.33	0.47	0	6.39
2010-1-7	28.79	755.25	1453.38	11.51	0.80	1.74	0.07	14.12
2010-1-25	20.79	565.02	1061.95	9.69	0.60	1.34	0.07	11.70
2010-1-26	25.62	630.72	1293.71	11.30	1.34	1.76	0.07	14.47
2010-1-29	20.09	567.12	1361.86	9.76	1.56	1.31	0.08	12.17
2010-2-5	26.76	637.34	1229.09	10.61	0.85	1.45	0.14	13.05
2010-2-10	23.38	623.43	1280.95	11.26	0.79	1.71	0.12	13.88
2010-2-23	15.04	604.76	868.41	8.22	0.24	0.61	0.14	9.21
2010-5-19	26.76	825.01	1576.32	9.81	0.44	1.40	0.07	11.72
2011-7-21	35.37	873.81	1891.53	14.00	1.65	1.99	0.06	17.70
2011-11-29	21.42	479.50	1288.57	9.36	0.51	1.21	0.03	11.11
2012-8-21	37.99	580.46	1809.11	11.87	1.61	1.41	0.40	15.29
2012-11-30	69.01	665.89	1572.67	15.20	2.83	1.69	6.74	26.45
2012-12-3	76.60	689.99	1611.76	14.96	2.86	1.38	7.76	26.95
2012-12-4	62.08	556.75	1329.70	12.75	3.29	2.66	7.28	25.98
2012-12-5	55.84	525.76	1316.83	11.77	2.70	1.90	7.50	23.87
2012-12-6	67.39	594.16	1422.87	13.47	4.55	5.39	7.95	31.36

续表

取样日期	H_2	CO	CO_2	CH_4	C_2H_4	C_2H_6	C_2H_2	总烃
2012-12-7	75.63	645.54	1477.6	14.98	3.49	1.57	10.49	30.53
2012-12-8	83.97	661.96	1576.26	15.80	4.09	2.16	12.77	34.82
2012-12-9	83.94	672.58	1642.68	16.45	4.21	1.99	14.13	36.77
2012-12-10（局放后）	85.68	645.62	1449.37	15.88	4.50	1.55	18.52	40.45

2012 年 11 月 30 日对该主变压器进行周期色谱分析，出现 6.74μL/L 的乙炔。

2012 年 12 月 04 日，乙炔涨至 7.28μL/L。

2012 年 12 月 06 日，乙炔涨至 7.95μL/L。

2012 年 12 月 07 日，乙炔涨至 10.49μL/L。

2012 年 12 月 09 日，乙炔涨至 14.13μL/L。

3.2　初步分析

初步缺陷分析：变压器本体内部有乙炔存在，发生此类缺陷的只有两种原因，一是变压器内部存在放电故障；二是变压器有载调压开关油室存在渗漏，致使有载绝缘桶内油（由于有载调压开关在带电调压过程中进行拉弧，产生大量乙炔）污染本体油。

根据该主变压器现场运行情况对有载分接开关内漏进行分析，该主变压器本体油枕为波纹外油式，有载分接开关油枕为开放式，主变压器波纹外油式油枕内变压器油是充满的，所以其油位高度高于有载油位。查看历史记录对有载油枕油位变化情况进行信息收集，该主变压器 2007 年投运前验收时有载油枕油位为 5.3 左右，2012 年 11 月 11 日检修人员对该主变压器进行特巡时，油位在 5.0 左右，12 月 4 日晚上对主变压器进行取油样时，油位在 4.8 左右，说明该主变压器有载分接开关油位变化符合其规律，基本排除有载内漏存在，为了防止发生重复检修，分析会上定为主变压器停电进行试验后对有载内漏进行检查。

3.3　带电局部放电测试

2012 年 12 月 6～7 日，对该主变压器进行了局部放电带电检测，分别采用超声法和高频法两种方法联合检测，其中高频法测试灵敏，超声法便于定位分析，采用高频法结合超声法对变压器内部局部放电进行定量和定位检测是目前比较有效的手段，通过对二者的放电图谱进行比对分析，试验情况如下。

两次局部放电带电检测分别采用超声法和高频法两种方法联合检测，结果及分析如下：

（1）高频局部放电带电检测。

使用意大利 TECHIMP 公司生产 Pdchenk 型高频局部放电带电测试仪对其进行检测，使用高频 TA 在变压器铁芯接地引下线上获取局部放电脉冲信号。其 PRPD 图谱如图 2-9-1 所示，发现其具有典型的相位相关特征，其时域波形如图 2-9-2 所示，发现其具有明显的放电脉冲特征，且幅值最高达到 0.05V（超过 0.02V 认为应当引起注意），由此判断高频 TA 收到了明显的局部放电信号，放电类型为内部放电或者悬浮放电。

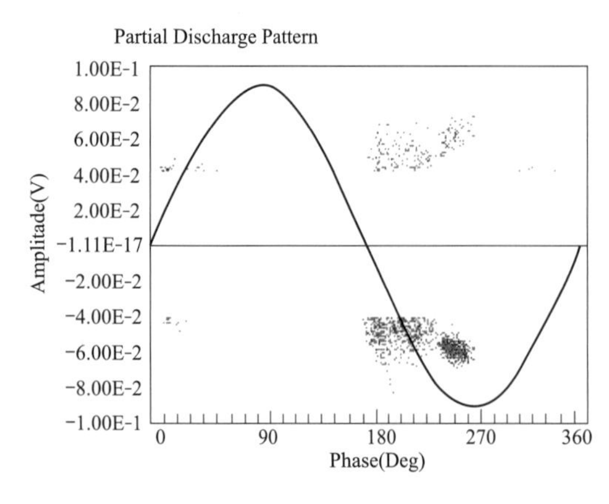

图 2-9-1　高频局部放电测试相位-幅值图谱

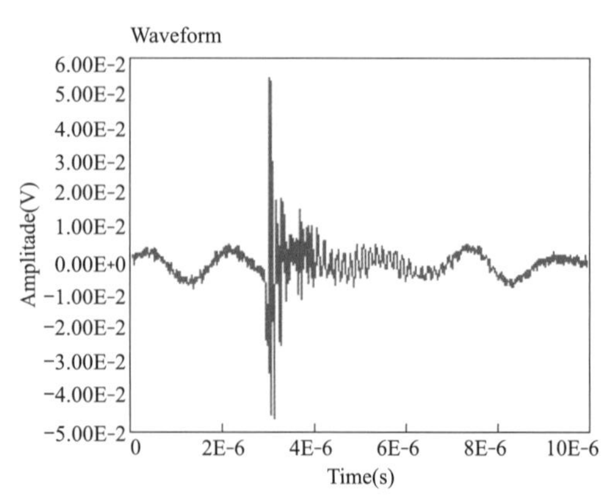

图 2-9-2　高频局部放电测试时域脉冲图

（2）超声局部放电带电检测。

使用加拿大 NDB 公司的 AE-150 型变压器超声局部放电带电检测仪对变压器进行超声局部放电带电检测。以面向高压侧的一面作为变压器的正面，此次测试分别在正面偏左、正面偏右、左侧、后面、右侧共选择 5 个测试点进行测试分析，测试图谱如表 2-9-2 所示。可以看出，在相同环境下测试 1 号主变压器没有明显异常，测得幅值可认为是测试背景，为 150μV 左右。5 个测点均收到具有明显相位特征的局部放电信号，基本判定其内部存在局部放电，根据正面偏左位置幅值最大，判断放电点距离此处较近，如表 2-9-2 所示。

（3）综合分析。

高频法测试灵敏，超声法便于定位分析，采用高频法结合超声法对变压器内部局部放电进行定量和定位检测是目前比较有效的手段，通过对二者的放电图谱进行比对分析，可得到以下结论：

表 2-9-2　　变压器超声局部放电带电检测结果

序号	位置	图谱（PRPD）	最大幅值
1	2 号主变压器正面偏左下	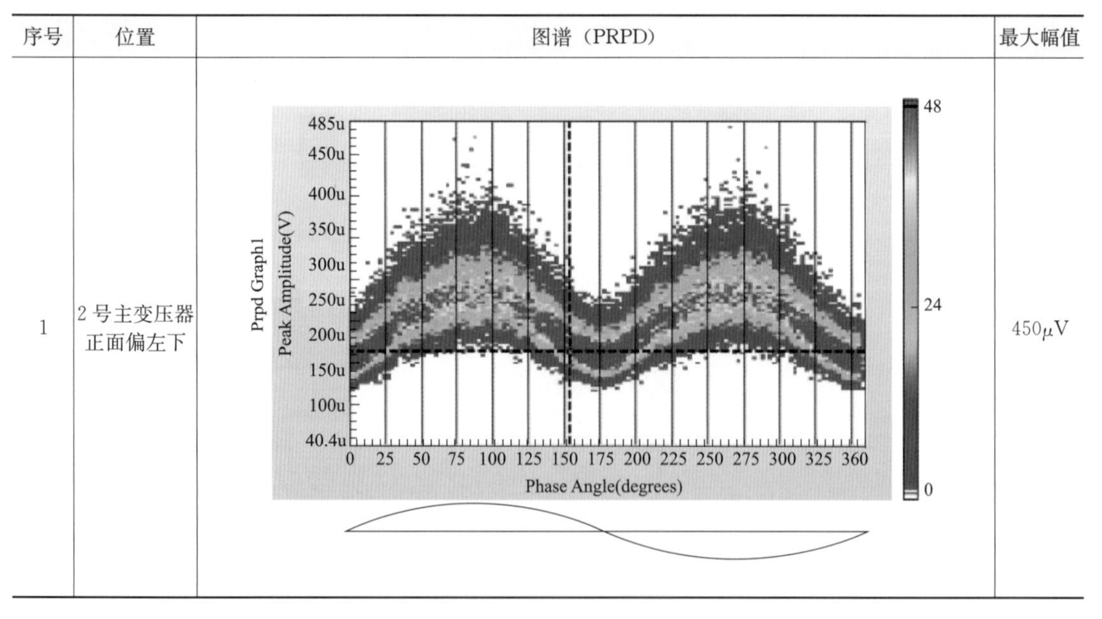	450μV

续表

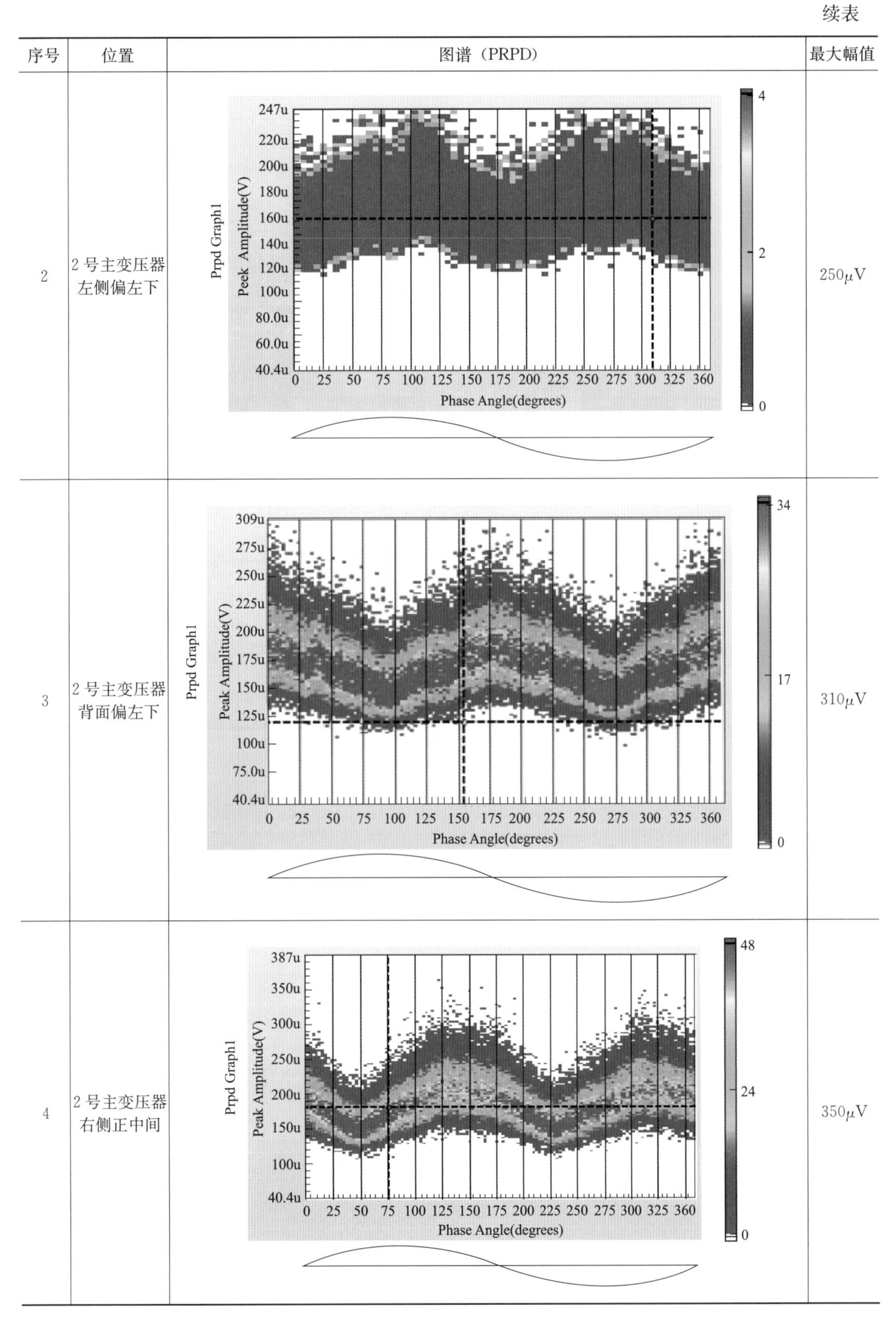

序号	位置	图谱（PRPD）	最大幅值
2	2 号主变压器左侧偏左下		250μV
3	2 号主变压器背面偏左下		310μV
4	2 号主变压器右侧正中间		350μV

续表

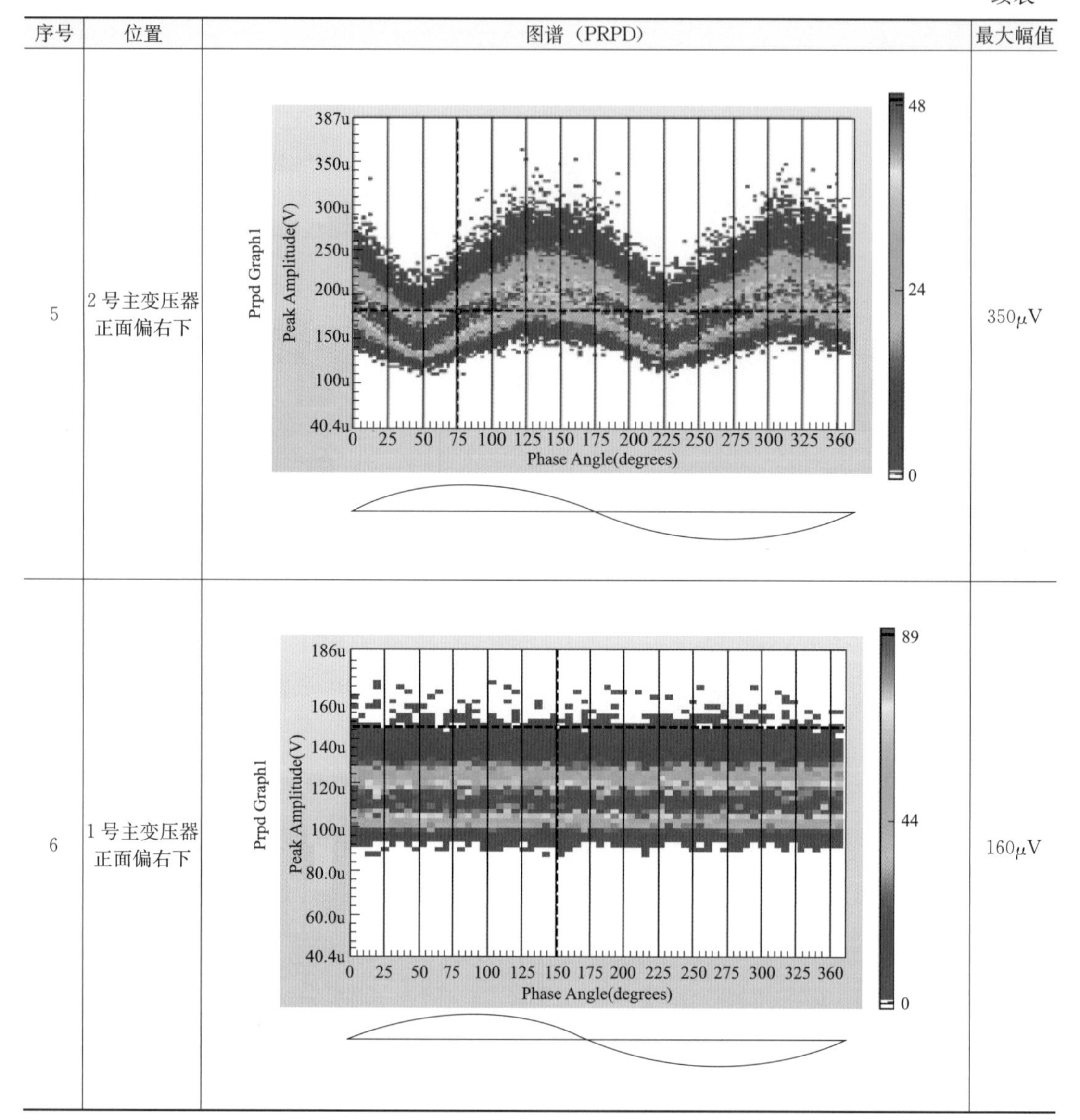

序号	位置	图谱（PRPD）	最大幅值
5	2号主变压器正面偏右下		350μV
6	1号主变压器正面偏右下		160μV

1）由于高频法和超声法都检测到明显局部放电信号，二者相互印证，基本判断其内部存在局部放电。

2）根据二者放电相位图谱分析，其局部放电类型可能为内部放电或者悬浮放电。

3）根据在不同测点测得超声信号幅值大小判断，初步判断放电距离高压侧偏左的位置较近。

4）结合油色谱数据分析，CO没有明显的增长，判断为裸金属部分放电，同时由于局部放电信号由绕组耦合到铁芯后幅值较小，而本次测得高频局部放电（由铁芯处获得）幅值较大，判断可能放电存在于磁回路或者与之较近的位置。

3.4 停电局部放电测试

由于带电测试时主变压器运行分接在4分接，因此停电局部放电试验也将分接置于4分接，同时进行主变压器高频局部放电测试，试验数据如表2-9-3和表2-9-4所示。

表 2-9-3　　正常测量时局部放电结果

高压	局部放电测量电压	放电量
A	109kV	＜100pC
B	109kV	＜100pC
C	109kV	＜100pC

表 2-9-4　　采用中性点支撑法进行测试时测量结果

高压	局部放电测量电压	放电量
A	109kV	＜100pC

3.5　频率响应发绕组变形测试

试验图谱如图 2-9-3～图 2-9-5 所示，结合出厂报告，本次绕组变形测试与出厂测试基本吻合，该项试验无异常。

文件	测量时间	名称	编号	Tap	激励	响应	型号
HOHA01	2012年12月9日11时28分	定县2号变压器	01	01	HO	HA	
HOHB01	2012年12月9日11时26分	定县2号变压器	01	01	HO	HB	
HOHC02	2012年12月9日11时35分	定县2号变压器	01	01	HO	HC	

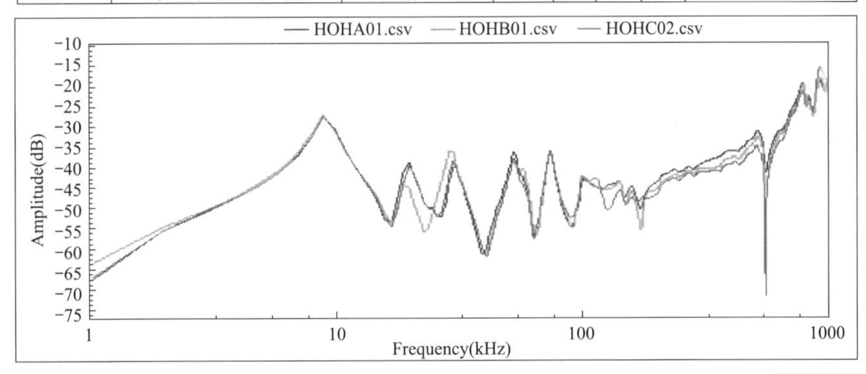

相关频段[kHz]	相关系数R12	相关系数R13	相关系数R23
低频LF[1,100]	1.19	1.62	1.24
中频MF[100,600]	1.35	0.75	1.01
高频HF[600,1000]	2.14	1.38	1.57
全频AF[1,1000]	1.91	1.46	1.72

结论：
高压绕组可能存在轻度变形现象

图 2-9-3　主变压器高压侧绕组变形图谱

3.6　低电压阻抗发测试绕组变形

试验数据如表 2-9-5 所示，横比和纵比误差不大于 2.5%，均满足规程要求，该项试验无异常。

3.7　绕组直流电阻测试

试验数据如表 2-9-6 所示，三侧绕组误差均满足状态检修规程中的规定值，该试验无异常。

3.8　绕组电容量测试

试验数据如表 2-9-7 所示，电容量误差及介质损耗值均满足省公司状态检修试验规程中规定，该项试验无异常。

文件	测量时间	名称	编号	Tap	激励	响应	型号
MOMA01	2012年12月9日11时39分	定县2号变压器	01	01	MO	MA	
MOMB01	2012年12月9日11时42分	定县2号变压器	01	01	MO	MB	
MOMC01	2012年12月9日11时43分	定县2号变压器	01	01	MO	MC	

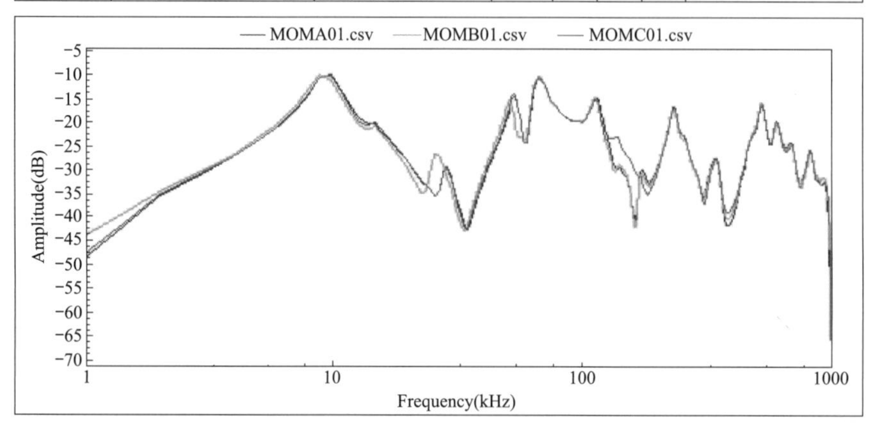

相关频段(kHz)	相关系数R12	相关系数R13	相关系数R23
低频LF[1,100]	1.51	2.97	1.56
中频MF[100,600]	2.33	1.38	1.39
高频HF[600,1000]	1.99	1.06	1.11
全频AF[1,1000]	2.03	1.31	1.31

结论:
中压绕组可能存在轻度变形现象

图 2-9-4　主变压器中压侧绕组变形图谱

文件	测量时间	名称	编号	Tap	激励	响应	型号
LALB01	2012年12月9日11时46分	定县2号变压器	01	01	LA	LB	
LBLC01	2012年12月9日11时47分	定县2号变压器	01	01	LB	LC	
LCLA01	2012年12月9日11时49分	定县2号变压器	01	01	LC	LA	

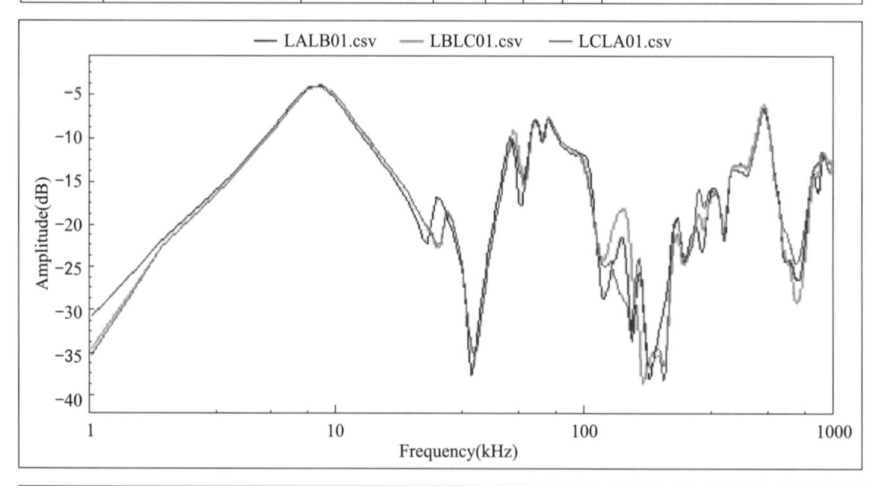

相关频段[kHz]	相关系数R12	相关系数R13	相关系数R23
低频LF[1,100]	1.61	1.70	2.84
中频MF[100,600]	1.28	1.41	1.20
高频HF[600,1000]	1.76	1.51	1.86
全频AF[1,1000]	1.40	1.36	1.22

结论:
低压绕组可能存在轻度变形现象

图 2-9-5　主变压器低压侧绕组变形图谱

表 2-9-5　　主变压器短路阻抗试验（1 分接）

测试部位	A(%)	B(%)	C(%)	合相（%）	铭牌值（%）	纵比误差（%）	横比误差（%）
高—中	11.005	11.026	10.828	10.953	11.000	0.423	1.824
高—低	18.770	18.817	18.621	18.736	18.900	0.865	1.054
中—低	6.329	6.347	6.349	6.342	6.37	0.437	0.312

表 2-9-6　　主变压器绕组电阻试验

分接	A-O	B-O	C-O	误差
1	323.5	324.7	325.7	0.0068
2	317.6	318.9	319.6	0.0063
3	311.7	312.9	313.7	0.0064
4	305.8	307.1	307.8	0.0065
5	299.7	301	301.7	0.0067
6	293.9	295.2	295.9	0.0068
7	287.1	289	289.8	0.0094
8	281.9	283.3	283.9	0.0071
9	275.1	275.5	275.6	0.0018
10	282.4	283.2	283.9	0.0053
	Am-O	Bm-O	Cm-O	
	42.37	42.41	42.61	0.0057
	ab	bc	ca	
	4.33	4.325	4.352	0.0062

表 2-9-7　　主变压器介质损耗、电容量测试

测试部位	介质损耗	电容量（nF）	电容量初值（nF）	误差
高—中低地	0.212	12970	12970	0
中—高低地	0.266	21620	21570	−0.0023
低—高中地	0.23	23200	23080	−0.0051
高、中—低地	0.272	16000	15980	−0.0012
高中低—地	0.245	15960	15870	−0.0056
铁芯—高中低地（测试电压 2500V）	0.637	39210		

3.9 吊芯检查处理

2012 年 12 月 11～12 日分别对该主变压器进行吊罩检查未见异常，未发现明显的磁回路放电点。排除电路和磁路的问题后再次总结分析认为有载分接开关内漏的可能性还是最大。但是此前由于设备状态评价中心的带电局部放电测试有明显的放电点及局放前后的色谱增长数据，不能完全确定是有载分接开关的内漏造成。

2012 年 12 月 15 日对该主变压器组装及真空注油调整油位后，对主变压器有载分接开关切换绝缘筒进行清理干净，对主变压器本体注油打正压 0.035MPa，16 小时后观察切换室内产生 2L 油，渗漏部位为切换绝缘筒与铝制顶盖密封法兰处（如图 2-9-6 所示），该渗油处胶垫密封位置如图 2-9-7 所示。2012 年 12 月 16 日对该胶垫进行更换，继续打油压 0.035MPa，打压 12 小时后，重新检查绝缘筒密封情况无异常。

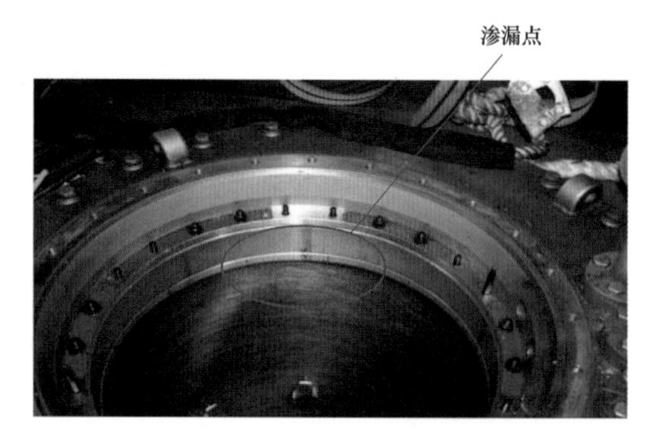

图 2-9-6　绝缘筒渗油部位

图 2-9-7　密封胶垫位置

2012 年 12 月 16 日对该主变压器有载分接开关切换绝缘筒与铝制顶盖密封法兰处密封胶垫进行更换，继续打油正压，未见渗漏。

3.10　故障原因分析

通过对该主变压器检修，主变压器本体出现乙炔的原因为：有载调压开关发生渗漏，致使有载绝缘筒的油对本体油产生污染，根据主变压器运行情况看，其本体显示油位高于有载显示油位，但有载油位没有发生明显增高的变化，其分析如下：

如图 2-9-8 所示为变压器内部油路原理图，该主变压器本体油枕为波纹外油式油枕，该油枕在正常运行情况下油枕内是充满油的，为真空状态，波纹外侧承受大气压，油枕内油位变化为水平移动，当主变压器温度变化时，其整体波纹是水平移动。假设从变压器底部连接管路，形成连通器，依据连通器原理，变压器本体油枕内的实际油位可等效为连通器内的等效油位，如图 2-9-8 所示等效油面高度 $h_{本体}$。

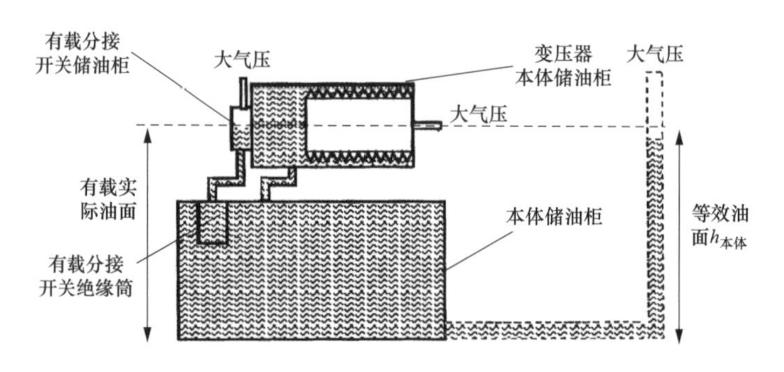

图 2-9-8　变压器内部油路原理图

假设有载绝缘筒存在密封不良缺陷，依据连通器原理，会出现以下三种结果：

（1）当有载油位（$h_{有载}$）与变压器本体等效油位（$h_{本体}$）相等，即 $h_{有载}=h_{本体}$，此时不会出现渗漏。

（2）当有载油位（$h_{有载}$）大于变压器本体等效油位（$h_{本体}$），即 $h_{有载}>h_{本体}$，此时会出现向变压器本体内渗漏。

（3）当有载油位（$h_{有载}$）小于变压器本体等效油位（$h_{本体}$），即 $h_{有载}<h_{本体}$，此时会出现向有载分接开关内渗漏。

变压器正常运行期间，随着季节温度和负荷的不断变化，变压器内部油不断的膨胀和收缩，就会出现以上三种情况。

今年该地区温度骤降，特别是 11 月底 12 月初，天气格外冷，主变压器运行温度明显降低，变压器本体内油温的变化很大，造成变压器本体等效油位（$h_{本体}$）低于有载油位（$h_{有载}$），有载绝缘筒本身存在密封不良缺陷，造成有载油一直向本体内污染，致使每天色谱数据都增长，从而造成误判断。假如变压器温度升高，亦会出现第（3）种情况，此时会出现有载分接开关储油柜内油位升高。

4　采取的措施

（1）通过设备停电，多收集波纹外油式储油柜内部变压器油的运行规律，掌握其内部油压变化的规律，以便该型主变压器出现缺陷后能够及时查出缺陷原因，制定出有效的处理方案。

（2）重点分析外油式波纹膨胀器储油柜的工作原理，以及在现场各种复杂运行环境下的工作状态。

（3）遇到类似问题情况下首先对有载分接开关进行油压试漏检查，并结合高压、油务试验数据分析提前确定缺陷起因。

案例 2-10

有载分接开关切换开关油室下部轴封密封不良造成渗漏

1　情况说明

1.1　缺陷过程描述

2020 年 5 月 8 日，某 110kV 变电站 1 号主变压器油样试验时，发现乙炔含量达 479.766μL/L，严重超过乙炔注意值 5μL/L，氢气含量为 1280.677μL/L，严重超过氢气注意值 150μL/L；5 月 9 日，对该 110kV 变电站 1 号变压器本体底部和中部位置绝缘油再次取样检测，1 号变压器本体底部位置绝缘油油样乙炔含量达 391.863μL/L，中部位置绝缘油油样乙炔含量达 347.132μL/L，仍严重超过乙炔注意值 5μL/L；1 号变压器本体底部位置绝缘油油样氢气含量为 1096.351μL/L，中部位置绝缘油油样氢气含量达 852.925μL/L，仍严重超过氢气注意值 150μL/L。

1.2　缺陷设备基本信息

主变压器设备基本信息：

主变压器型号：SSZ10-40000/110。

有载分接开关型号：CMⅢ500Y/63B-10193W。

变压器生产厂家：保定天威保变电气股份有限公司。

有载分接开关厂家：上海华明电力设备制造有限公司。

出厂日期：2004年9月。

投运日期：2005年4月。

2 故障前运行情况

2.1 缺陷发生前的工况

1号主变压器带电运行，主变压器瓦斯未发轻瓦、重瓦报警信号，保护装置未见异常；红外热像检测，设备各部位未见异常温升；高频局部放电带电检测，发现1号主变压器放电量为30mV（相邻带电运行的2号主变压器压器放电量为5mV），未见数据异常；直流电阻试验、整体介质损耗试验、套管介质损耗试验、铁芯绝缘电阻，试验数据未见异常。

2.2 异常情况，缺陷先兆

无故障先兆。

3 原因分析

3.1 直流电阻试验（34℃）

直流电阻测试数据见表2-10-1。

表2-10-1 直流电阻测试数据 Ω

高压侧	AO	AO（75℃）	BO	BO（75℃）	CO	CO（75℃）	最大互差（%）
	0.5106	0.5884	0.5117	0.5897	0.5118	0.5898	0.23
中压侧	AO	AO（75℃）	BO	BO（75℃）	CO	CO（75℃）	最大互差（%）
	0.05871	0.0677	0.05887	0.0678	0.05882	0.0678	0.2721
低压侧	ab	ab（75℃）	bc	bc（75℃）	ca	ca（75℃）	最大互差（%）
	0.006988	0.0081	0.006972	0.0080	0.007013	0.0081	0.5865

试验数据分析：高、中压侧绕组电阻相间的差别未超过三相平均值的2%（警示值）；低压侧线间差别未超过三相平均值的1%（注意值），试验数据未见异常。

3.2 整体介质损耗试验

介质损耗测试数据见表2-10-2。

表2-10-2 介质损耗测试数据

	tanδ	C_x（nF）	C_X变化量（与例行比）	tanδ变化量（与例行比）
高压对中、低及地	0.419	10.81	0.93%	71%
中压对高、低及地	0.327	17.48	0.69%	42.2%
低压对高、中及地	0.234	18.17	0.44%	13.6%

试验数据分析：1号主变压器高、中、低压侧电容量无明显变化，介质损耗因数未大于注意值，试验数据未见异常，但高、中压侧介质损耗值较2014年测量数据变化量大于30%。因天气（小雨，温度17℃，湿度85%）原因，无法进一步分析判断。

3.3 套管介质损耗试验

套管介质损耗测试数据见表2-10-3。

表 2-10-3　　套管介质损耗测试数据

	tanδ	C_x（nF）	C_n（nF）
A	0.272	262.9	266
B	0.293	256.8	259
C	0.236	246.5	249
O	0.246	240.7	243

试验数据分析：110kV 侧 A、B、C、O 套管电容量与各相套管电容量初始值相比无明显变化，且各相电容量初值差未超过±5%（警示值），试验数据未见异常。

3.4　铁芯绝缘电阻

铁芯对地绝缘电阻测试数据为 12000mΩ。

试验数据分析：铁芯对地绝缘电阻远大于 100MΩ，试验数据未见异常。

3.5　变压器本体绝缘油试验

（1）耐压及微水试验分析，测试数据见表 2-10-4。

表 2-10-4　　油耐压及微水测试数据

试验项目	试验数据	试验结论	规程标准
耐压值（kV）	55.1	合格	不低于 35kV
微水（mg/L）	6.9	合格	不高于 35mg/L

（2）油色谱试验分析，测试数据见表 2-10-5。

表 2-10-5　　油色谱测试数据　　μL/L

位置	CH_4	C_2H_4	C_2H_6	C_2H_2	H_2	CO	CO_2	总烃
底部	84.554	69.411	3.656	391.863	1096.351	983.621	3022.924	549.484
中部	74.129	62.697	3.413	347.132	852.925	831.420	2673.426	487.371

试验数据分析：

1）耐压及微水试验合格，排除变压器内部进水受潮放电的可能性。

2）变压器绝缘油油色谱分析，乙炔含量严重超过注意值（5μL/L），氢气含量严重超过注意值（150μL/L），总烃含量严重超过注意值（150μL/L），油色谱三比值 2∶1∶2，判断故障缺陷类型为低能放电。

3.6　吊检切换开关确认原因

该主变压器有载分接开关油室检查，确认有载分接开关油室下部轴封部位密封不良，造成油室与变压器本体连通，有载分接开关动作调节档位会发生放电，造成有载分接开关油室内绝缘油乙炔和氢气大量产生，通过有载分接开关油室与变压器本体连通部位，内渗到变压器本体内部，造成变压器本体绝缘油乙炔和氢气超标，如图 2-10-1 所示。

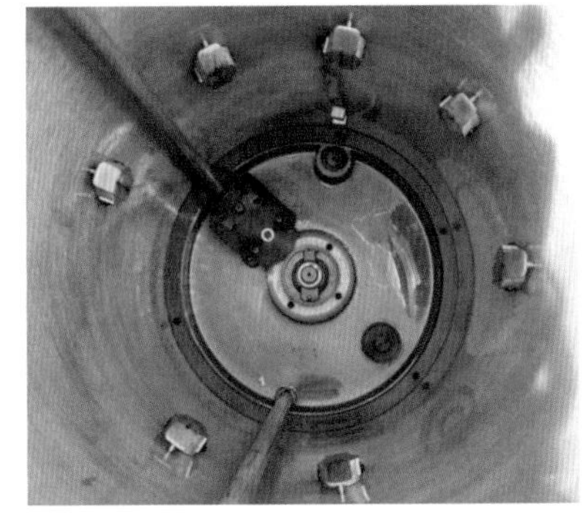

图 2-10-1　有载分接开关油室

3.7 处理情况

由有载分接开关厂家对切换开关油室进行整体更换。

4 采取的措施

密切关注同类有载分接开关油室密封情况，建立油位、特征气体含量台账。

第三章 套管故障

案例 3-1

110kV变电站1号主变压器侧A相套管故障分析

1 情况说明

1.1 缺陷过程描述

2006 年 6 月 25 日对某 110kV 变电站 1 号主变压器 110kV 侧 A 相套管取油样进行油色谱分析发现其中氢含量过高，其含量达到 4967.9μL/L，严重超出了规定值 500μL/L。随后对该套管进行高压试验，其电容量为 167.5pF，介质损耗值为 0.315%，绝缘电阻为 5000MΩ，均在合格范围之内，没有超出规定值。查阅以前历史记录，该套管的各项试验数据均在合格范围内，且与其他两相进行比较，差异不大，各项数据均未发现异常。

1.2 缺陷设备基本信息

生产厂家：南京电瓷厂。

型号：BR-110/600。

生产日期：1985 年 8 月 1 日。

投运日期：1986 年。

2 检查情况

2.1 运行情况

该套管自运行后色谱试验数据均正常，1996 年 4 月对该设备进行了最后一次色谱分析，试验结果正常，试验数据见表 3-1-1。

表 3-1-1 油色谱试验数据（1996 年 4 月） μL/L

相别	H_2	CO	CO_2	CH_4	C_2H_4	C_2H_6	C_2H_2	C_1+C_2
A	17.5	76.4	894.3	6.4	无	无	无	6.4
B	12.8	82.2	647.8	5.4	无	2.5	无	7.9
C	19.1	91.2	945.2	6.8	无	2.7	无	9.5

最近的一次高压试验是在 2005 年进行的，对该套管进行的高压试验项目电容量和介质损耗值的测试结果都在合格范围之内，均未超出规程标准，且与历史数据比较无明显差异，试验数据见表 3-1-2。

表 3-1-2　　电容量和介质损耗值的测试数据（2005 年）

试验日期：2005.03.25　环境温度：16℃　体温：22℃　湿度：30%			
相别	C_x(pF)	tanδ(%)	R(MΩ)
A	167.1	0.323	5000
B	164.9	0.274	5000
C	166.9	0.291	5000
使用仪器：AI-6000(D)　2500V 绝缘电阻表			

通过对表 3-1-1 和表 3-1-2 中试验数据进行分析可知，无论是油色谱数据还是介质损耗因数、电容量的测试结果均在合格范围之内，三相之间也无明显差异。

2.2 故障情况

2007 年 6 月 25 日，对该套管进行春检预试时，油色谱试验分析发现其中氢气含量过高，其含量达到 4967.9μL/L，严重超出了国标规定值 500μL/L。其具体数据见表 3-1-3。

表 3-1-3　　油色谱试验数据（2007 年 6 月 25 日）　　μL/L

相别	H_2	CO	CO_2	CH_4	C_2H_4	C_2H_6	C_2H_2	C_1+C_2	
A	4967.96	647.6	9301.1	37.63	42.39	23.61	无	103.63	微量水：35μL/L
B	55.43	34.87	4638.9	30.18	19.28	7.26	无	56.72	
C	32.65	845.3	6709.3	17.19	11.1	33.3	无	61.6	

随后对该套管进行高压试验，其电容量为 167.5pF，介质损耗值为 0.315%，绝缘电阻为 5000MΩ，均在合格范围之内，没有超出规定值，见表 3-1-4。

表 3-1-4　　电容量和介质损耗值的测试数据（2007 年）

试验日期：2007.06.25　环境温度：16℃　体温：22℃　湿度：30%			
相别	C_x(pF)	tanδ(%)	R(MΩ)
A	167.5	0.315	4500
B	168.6	0.302	4500
C	164.8	0.312	4500
使用仪器：AI-6000（D）　2500V 绝缘电阻表			

3 原因分析

3.1 高压试验分析

对表 3-1-2 和表 3-1-4 两次试验数据进行分析比较可知，A 相套管电容量分别为 167.1pF 和 167.5pF，增量为 0.239%<5%，介质损耗因数分别为 0.323%和 0.315%，均小于规程规定值 1.0%，无明显变化，采用 2500V 绝缘电阻表测的主绝缘为 50000MΩ，大于规程值 10000MΩ，末屏绝缘电阻分别为 5000MΩ 和 4500MΩ，均大于规程规定值 1000MΩ。

试验时该主变压器停电且与附近相邻带电线路距离较远，两次试验均采用正接线方式：将 110kV 侧所有与套管相连绕组的所有端子短接在一起加压 10kV，其余绕组端子均短路接地，从末屏取信号。试验前对被试套管均进行表面脏污处理并进行了干燥处理，将外界干扰因素降到最低，将试验数据误差降到最小。由此，推断套管劣化、严重受潮的可能性不是太大，因为套管严重受潮会导致其介质损耗增加，特别是末屏对地的介质损耗对发现绝缘受潮和其他局部缺陷都很灵敏。

套管在运行中的工作条件是很严厉的，所以常常因逐渐劣化、进水受潮或损坏，而导致电网事故。而从所进行的试验项目和数据分析情况来看，还不能对该套管下最后结论，还需参考其他试验项目和数据进行综合分析，以便得出比较正确的结论。

3.2　油务试验分析

从表 3-1-3 数据可以看出，A 相套管中的其他气体含量均在合格范围之内，只有氢气含量严重超标，含量值达到 4967.96μL/L，远远超出了规定值 500μL/L，将近 10 倍，其微水含量为 35μL/L，也在合格范围之内。三比值法编码为 011，只是怀疑有问题。通过对微水含量的再次试验，结果还是 35μL/L。虽然在≤40μL/L 的合格范围之内，但是相比较其他设备在这个季节的经验值还是偏大一些，怀疑是套管进水受潮或油中气泡放电所致。

在设备内部进水受潮时，油中水分和带湿杂质易形成“小桥”，或者固体绝缘中含有的水分加上内部气隙空洞的存在，共同加速绝缘老化过程，并在强烈局部放电作用下，放出氢气。另外，水分在电场作用下发生电解作用，水与铁又会发生电化学反应，都可产生大量的氢气。

3.3　解体分析

经研究决定对主变压器停电对该套管进行解体（见图 3-1-1），解体后发现：

图 3-1-1　套管解体图

（1）在将军帽上的油标显示管周围有大量生锈痕迹。

（2）打开将军帽后，壁内有少量水和泥沙痕迹。

（3）打开将军帽后，铸铁上有大量锈迹。

3.4 故障综合分析

通过解体分析核实了对这支套管故障的判断，色谱和微水试验数据的分析，确切地说明了故障的性质，由此可以完整地把这次事故描述出来。

首先雨水通过将军帽上油标的缝隙不断渗流到里面，解体后看到的壁内有少量水和泥沙痕迹，然后通过下流渗入到套管内部绝缘油里，以一种游离态存在于油中，在电场的作用下分解，使油中的氢气含量增长。

4 采取的措施及建议

通过对这支套管设备的故障分析，不难发现多数是由厂家制造工艺不精，导致设备在运行过程中进水受潮，还有在运行期间检修人员也存在工作不到位的地方。有很多问题需要注意，总结如下：

（1）绝缘油在设备内部无孔不入，因此具有很好的信息功能，对于变压器套管的油色谱分析很有必要坚持下去。

（2）对于设备本身的制造、运行、检修情况要求更加认真仔细。

（3）加强对套管设备的密封情况检查。

（4）设备发生故障后要多专业检测，和历次数据纵向对比，综合诊断。

（5）检修人员在对其进行密封性检查时一定要仔细，加强责任心。

（6）在设备交接时，验收人员一定要加强对设备的质量检查，严把质量关，避免不合格产品投入运行。

案例 3-2

220kV变电站3号主变压器高压侧C相套管缺陷分析

1 情况说明

1.1 缺陷过程描述

2009年3月14日，某220kV变电站3号主变压器检修试验时发现，高压侧C相套管油色谱数据超标，乙炔含量达14738.9μL/L。

1.2 缺陷设备基本信息

C相高压套管的基本参数：型号：BRL1W1-252/630-4；生产厂家：西安西电高压电瓷有限责任公司（现西安西电高压套管有限公司）；出厂日期：2006年11月，2007年10月31日投入运行。

2 检查情况

2.1 该套管历次试验情况

220kV 侧 A 相套管油色谱数据见表 3-2-1，高压试验测试数据见表 3-2-2。

表 3-2-1　　220kV 侧 C 相套管油色谱数据　　μL/L

取样日期	CH_4	C_2H_4	C_2H_6	C_2H_2	H_2	CO	CO_2	C1+C2	微水（mg/L）	备注
2007.08.25	0.69	0.19	0.56	0	5.39	22.09	126.35	1.44	9	验收
2009.03.14	1112.04	2975.93	405.10	14738.90	5879.93	149.79	357.40	19231.97	3	预试

表 3-2-2　　220kV 侧 C 相套管高压试验测试数据

试验日期	介损	电容（pF）	备注
2007.08.25	0.00353	378.6	验收
2009.03.14	0.00320	374.4	检修试验

根据色谱试验数据，该 220kV 变电站 3 号主变压器 C 相高压套管总烃、氢气、乙炔含量严重超标，通过三比值法判断为套管内部存在电弧性放电故障，存在严重缺陷。

高压试验时测试结果正常，$\tan\delta$ 和电容量没有明显变化，分析套管主绝缘没有受到严重破坏，但套管末屏与其连接引线的接触面较小，变压器在正常运行时电压比试验电压高得多，接触面不能满足载流量需要，造成套管内部放电，使变压器油在高温下分解，油中乙炔、甲烷、氢气等含气量的增大。为此联系了生产厂家更换该套管，为了进一步分析套管缺陷原因，特将该套管返厂解体检查。

2.2 返厂解体情况

2009 年 3 月 22～24 日，该生产厂家组织省电力研究院、供电公司和保定天威保变有关专业人员，对返厂的套管进行了解体检查。有关情况如下：

（1）套管结构。

返厂解体的高压油纸电容型套管为穿缆式结构，其主绝缘为电容屏芯子，由绕于中心铜管上的多层铝箔极板构成同心圆柱体电容屏，共有 49 层，末屏铝箔外层有一厚度为 0.2mm 的一条铜带，外层用绝缘纸包裹，后通过将部分绝缘纸剥离露出一圆形铜面，如图 3-2-1 所示。接地引出装置通过与该铜面压接将末屏引出接地，如图 3-2-2 所示。

图 3-2-1　末屏铝箔外的铜带

图 3-2-2　外引塑料小套管和接地外罩

（2）解体检查情况。

首先拆除该套管的末屏接地引出装置，发现末屏接地引出装置的顶针与电容芯体末屏裸露处产生错位，该引出装置的顶针已有一半滑到末屏外部电缆纸上，引出装置的顶针与电容芯体末屏接触处有明显放电烧蚀痕迹，如图 3-2-3～图 3-2-5 所示。

图 3-2-3　外引塑料小套管和接地外罩（一）

图 3-2-4　外引塑料小套管和接地外罩（二）

为了查找该套管末屏接地引出装置的顶针与电容芯体末屏裸露处产生错位的原因，对该套管做了进一步解体检查，结果发现该套管整个电容芯体整体下移 23mm，如图 3-2-6 所示。

图 3-2-5　外引塑料小套管和接地外罩（三）

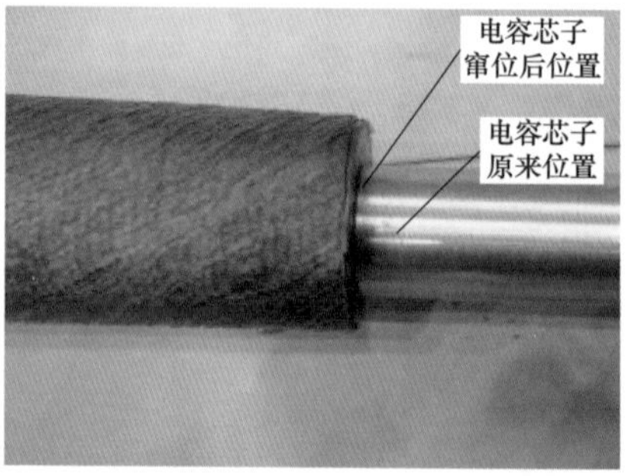

图 3-2-6　外引塑料小套管和接地外罩（四）

为了查找电容芯体整体下移的原因，将电容芯体从导电管上拆除，发现电容芯体最里层电缆纸与导电管之间漏涂专用粘接剂（套管制造厂的工艺要求：为了防止电容芯体整体下移，电容芯体最里层电缆纸与导电管之间应涂专用粘接剂），且该套管电容芯体绕制不紧，绕制同心度不满足工艺要求，造成电容芯体端部切削整形后外部成波浪形，部分电缆纸两端均无连接，镶嵌于电容芯体内部，使电容芯体整体绕紧力下降。

3　原因分析

解体完成后，省公司与厂家召开了缺陷分析会，就该套管缺陷产生的原因做了深入分析，最终认为：

（1）该套管乙炔、总烃、氢气含量严重超标的直接原因是由于末屏接地引出处与电容屏末屏接触不良，造成该处在运行中严重放电，使套管内的变压器油大量分解。

(2) 厂家生产工艺控制不严，漏涂粘接剂，且电容芯体绕制不紧；同心度不满足工艺要求，切削后引起整体绕紧力下降，容易滑动；在电容屏整体下移后，该末屏小套管的顶针滑到电缆纸上，造成该顶针与电容末屏接触不良，运行中放电，是造成此缺陷的主要原因。

(3) 厂家未采取充分有效措施防止套管在制造、运输、安装和运行过程中可能产生的电容芯体位移，是造成此缺陷的次要原因。

4 采取的措施

本次套管电容芯子发生窜位，小套管与末屏虚接是导致套管内部放电、油色谱超标的直接原因。为防止此类缺陷的再次发生，提出以下防范措施：

(1) 要求厂家加强电容屏芯子绕制工艺的把关，杜绝电容屏位移问题的发生。

(2) 加强套管运输环节的安保措施，避免设备遭受外力冲击。

(3) 生产厂家应在今后的套管制造过程中加强质量管理，细化工艺控制卡，做到每个生产细节都得到严格把关，确保质量管理体系有效运转。

(4) 在套管的防窜动措施和末屏的引出方式方面，生产厂家应进一步开展研究工作。

(5) 加强该生产厂家套管的运行巡视和试验检查工作，并要求该厂针对在运的各电压等级套管提出针对性治理措施。

案例 3-3

110kV 变电站3号变压器套管漏水引起绝缘故障

1 情况说明

1.1 缺陷过程描述

2012 年 4 月 19 日，某 110kV 变电站 3 号主变压器差动保护动作跳闸，主变压器两侧断路器跳闸，且该主变压器本体轻瓦斯、重瓦斯保护动作。事故发生时，该变电站所在区域天气阴，环境温度 20℃，相对湿度 50%。事故发生前一天，该变电站所在区域为多雨天气。

1.2 缺陷设备基本信息

(1) 主变压器设备基本信息：

主变压器型号：SZ11-50000/110。

生产厂家：保定保菱电气股份有限公司。

出厂日期：2011 年 11 月 1 日。

投运日期：2011 年 12 月 15 日。

(2) 110kV 套管基本信息：

套管型号：TOB550-800-4-0.5。

生产厂家：合肥 ABB。

出厂日期：2011 年 9 月 1 日。

投运日期：2011 年 12 月 15 日。

2 检查情况

2.1 现场检查

到达事故现场后，首先对该 110kV 变电站 3 号主变压器本体外观进行检查，未发现异常。但检查该主变压器 110kV 侧高压套管时，发现 C 相接线端子下部有轻微水痕，且该接线端子用双手可转动，打开该接线端子后发现将军帽顶部有水迹，见图 3-3-1，电缆头有水痕，且套管的铝管上电缆头销钉固定位置和电缆头销钉有锈蚀痕迹。套管的铝管上电缆头销钉固定位置锈蚀情况见图 3-3-2。

图 3-3-1　将军帽顶部水迹

图 3-3-2　电缆头销钉固定位置锈蚀情况

2.2 化学实验分析

试验人员从该 110kV 变电站 3 号主变压器油箱取变压器油油样进行油中溶解气体色谱分析，结果见表 3-3-1。

表 3-3-1　油色谱分析结果　μL/L

气体组分	2012 年 2 月 14 日	2012 年 4 月 19 日
H_2	4.03	5.40
CH_4	1.07	3.46
C_2H_4	0.23	5.36
C_2H_6	0.27	0.35
C_2H_2	0	11.64
C1+C2	1.57	20.81
CO	44.96	79.36
CO_2	362.88	580.48
微水	9	17

根据表 3-3-1 所示油中溶解气体色谱分析结果可以看出：

（1）C_2H_2 约占总烃的 56%，为主要成分，说明油箱内部发生了放电性故障。

（2）CH_4 和 C_2H_4 含量较高，说明油箱内部存在过热性故障。

（3）CO 和 CO_2 含量有一定程度增长，估计油箱内部固体绝缘受到一定损坏。

综上所述，利用改良三比值法编码规则，得出此次故障的编码为 102，判断为电弧放电，故障实例为线圈匝间、层间短路，相间闪络、分接头引线间油隙闪络、引线对箱壳放电、线圈熔断、分接开关飞弧、因环路电流引起电弧、引线对其他接地体放电等。

依据试验数据粗略推算该主变压器本体变压器油中水分含量增长量为：4 月 19 日微水含量为 9μL/L，4 月 23 日微水含量为 17μL/L，变压器油总重为 20.9t 即 20900kg，20℃时密度为 895kg/m^3，水分增量为 20900/895×(17－9)≈0.186kg。

2.3　电气试验分析

在现场，对该 110kV 变电站 3 号主变压器进行电气试验。按照试验流程，先后进行了绝缘试验、绕组连同套管介质损耗及电容量、低电压短路阻抗试验、电压比试验及绕组直流电阻试验。绝缘试验、绕组介质损耗及电容量、低电压短路阻抗、电压比试验、低压绕组直流电阻试验数据合格。但发现该主变压器高压侧绕组直流电阻试验数据异常，C 相高压绕组在分接 1、2、3 分接位置相间误差均超过标准要求值［1.6MVA 以上变压器，各相绕组相互间的差别不大于 2%（警示值）］，且与 1、2、3 分接位置对应的 17、16、15 分接位置直流电阻数值有相同规律，都已超过标准要求值。4-14 分接位置直流电阻试验数据正常。3 号主变压器高压侧绕组直流电阻试验数据见表 3-3-2。

表 3-3-2　　高压侧绕组直流电阻试验数据　　mΩ

分接位置	A-O	B-O	C-O	误差（%）
1	345.1	344.5	360.1	4.53
2	337.7	337	345.3	2.5
3	331.3	330.7	339.1	2.54
4	324.1	323.4	324.5	0.34
5	317.8	317.3	318.5	0.38
6	310.7	310.2	311.4	0.39
7	304	303.5	304.8	0.43
…	…	…	…	…
16	339.3	338.5	354.4	4.70
17	345.5	344.8	360.6	4.58

注：环境温度 20℃，上层油温 25℃，环境湿度 50%。

结论：由以上试验结果可以看出，该主变压器变比试验合格，但 C 相高压侧绕组直流电阻异常，与 A、B 相高压侧绕组相比偏大，主要表现在 C 相高压绕组在分接 1、2、3 位置相间误差均超过标准要求值，且与 1、2、3 分接位置对应的 17、16、15 分接位置直流电阻数值有相同规律，都已超过标准要求值。4-14 分接位置直流电阻试验数据正常。这说明直流电阻异常的原因是由 C 相调压绕组引起的，C 相调压绕组存在断线故障，但未完全断路，可能有局部接触不良或局部断路。

2.4　解体检查情况

2012 年 5 月 12 日，对该 110kV 变电站 3 号主变压器返厂进行解体检查，情况如下：

该主变压器高压绕组出线侧即该主变压器高压套管侧，C 相调压绕组上部短路烧损，该位置PET紧固带断裂脱落，上部4个线饼位移较大，左侧下部及右侧中部鼓包变形。C相调压绕组（从上到下接线次序为1分接至8分接）从上向下数第5个线饼最外两根导线烧断，该主变压器调压绕组采用4根并绕，从厂家技术人员了解到，该线饼仅影响1、2、3分接位置的直流电阻，如图3-3-3所示。另外，该主变压器油箱底部发现炭化的绝缘件碎屑及铜珠，如图3-3-4所示。A、B相调压绕组外观无异常。

图3-3-3　C相调压绕组损坏情况

图3-3-4　油箱底部掉落物情况

3　故障原因分析

根据该110kV变电站3号主变压器的试验、解体检查及产品结构情况，得出以下结论：

由于高压侧C相套管顶部连接帽密封不严，造成外部空气通过空隙与变压器本体内部联通。该主变压器套管顶部连接帽高于变压器储油柜油面，C相套管顶部连接帽密封不严缺陷未能及时发现（若套管顶部连接帽低于变压器储油柜油面，套管顶部连接帽密封不严，将会出现渗油缺陷）。

在故障前一天晚上，该110kV变电站所在区域为多雨天气，且当天白天环境温度较高，夜晚为多雨天气，环境温度较低，即温差较大，导致变压器本体中变压器油热胀冷缩较为明显。由于C相套管顶部连接帽密封不严，水分被吸入套管顶部连接帽，溶入变压器油中，水分比重比变压器油大而下沉，沿着套管铝管内壁进入变压器油箱内部。该主变压器高压套管为竖直安装，且该主变压器C相调压绕组高压套管侧正好位于C相套管正下方。该主变压器为自冷变压器，所带负荷较小，且外界环境温度较低，变压器油箱内部变压器油循环强度小。水分沉降到C相调压绕组上部，C相调压绕组上部油纸绝缘受潮导致绝缘水平下降，造成该位置产生击穿放电。该主变压器运行在4分接位置，C相调压绕组1-3分接匝间出现放电故障，调压绕组形成短路环，引起该主变压器差动保护动作跳闸，主变压器两侧断路器跳闸。同时，变压器内部在击穿放电和短路环的作用下产生大量特征气体，造成该主变压器本体轻瓦斯、重瓦斯保护动作。

C相调压绕组从上向下数第5个线饼最外两根导线被烧断，引起高压绕组直流电阻试验时，C相高压绕组直流电阻1、2、3分接位置试验数据增大。由于调压绕组匝间油隙距离较大，虽然该位置匝间绝缘受到损害，但常规试验电压较低，故未对试验结果产生影响。

该主变压器套管顶部连接帽密封措施存在结构性缺陷，容易引起密封破坏，是造成此次进水的根本原因。一是将军帽采用的是单密封结构，且为旋转密封，紧固时容易将胶垫损坏。二是将军帽是靠销子的拉力紧固在套管储油柜上，且胶垫较厚，将军帽不能与套管储油柜“铁碰铁”，在引线受风力等外力作用下，会以销子为轴晃动，长时间作用下会引起胶垫产生缝隙，导致变压器内部与空气导通。三是套管端部胶垫为丁腈橡胶，容易在空气中产生龟裂。

4 采取的措施

与该 110kV 变电站 3 号主变压器高压套管同厂家同结构的部分产品仍在网运行，为了避免类似故障再次发生，采取以下预防措施：

（1）对所有同厂家同结构套管进行停电检查，主要检查套管密封胶垫及紧固情况，采用在将军帽底部打密封胶、紧固后再在缝隙处用手指压入 PRTV，最后再借鉴以往套管检查的措施，采用画一条直线做好初始位置记号。

（2）在保证变压器套管的安装质量方面，套管生产厂家安装指导应标准化，施工单位应严格执行安装工艺要求。

（3）套管生产厂家对同结构的套管进行改造，采用外金属护套对将军帽处进行防松动固定，一是防止导线引起将军帽转动，二是防止将军帽以轴销为中心的转动。

案例 3-4

110kV 变电站3号变压器套管绝缘故障

1 情况说明

2018 年 6 月 13 日 18 时 29 分，某 110kV 变电站 3 号主变压器差动保护、本体重瓦斯保护出口跳闸，主变压器高压侧 A 相套管油枕已被顶出，油池里有喷油痕迹，本体气体继电器中存有气体。

2 检查情况

2.1 现场检查情况

3 号主变压器高压侧 A 相套管油枕已被顶出，油池里有喷油痕迹，气体继电器中存有气体，变压器外部高、低压侧没有异物短路痕迹，调取视频监控信息，可以看到高压侧 A 相套管油枕被顶出、绝缘油喷出的同时，压力释放阀也动作喷油，见图 3-4-1。

2.2 主变压器试验情况

对 3 号主变压器进行了全面的诊断试验，同时对 A 相套管绝缘油、主变压器本体绝缘油进行了油色谱分析，试验情况如下：

（1）直流电阻试验数据合格。

（2）短路阻抗试验数据合格。

图 3-4-1 高压侧套管喷油痕迹

(3) 绝缘电阻试验数据不合格，高压绕组连同套管的绝缘电阻较低。

(4) 绕组连同套管的介质损耗和电容量试验数据合格：在进行高压绕组连同套管的介质损耗和电容量测试过程中，明显能听到放电声，初步判断放电声来自高压侧 A 相套管升高座下部。

(5) 套管介质损耗和电容量试验数据：B、C 两相套管试验数据合格，A 相套管试验数据严重失衡，经验判断试验数据有误，没有反应套管的真实情况，外部观察 A 相套管末屏发生移位现象，对 A 相套管末屏进行绝缘电阻测试，发现末屏接地，故不能单独对 A 相套管进行介质损耗和电容量试验，结合绕组连同套管的介质损耗和电容量试验数据，判断 A 相套管试验数据合格。

(6) 变比试验数据合格。

(7) 本体绝缘油、高压侧 A 相套管绝缘油色谱分析数据不合格：油中乙炔含量严重超标。

根据变压器各项试验数据、试验过程中放电现象、设备喷油视频信息、现场设备故障现象，初步分析变压器绕组未发生明显变形，故障点来自高压侧 A 相套管升高座下部均匀罩附近，放电导致高压绕组连同套管的主绝缘被破坏。

2.3 现场解体情况

3 号主变压器在拆除高压侧 A 相套管时，发现 A 相套管底部均压罩以及均压罩上部缠绕绝缘纸板等位置发生明显放电痕迹、套管底部均压罩处穿芯铝杆断裂、套管均压罩上部瓷套已经完全炸开（混入到主变压器本体油箱里），现场 A 相套管拆除后情况见图 3-4-2～图 3-4-5。

图 3-4-2 均压罩上部绝缘纸板沿面放电痕迹

图 3-4-3 均压罩处穿芯铝杆断裂处

图 3-4-4　均压罩放电部位

图 3-4-5　均压罩处穿芯铝杆断裂截面

2.4　变压器返厂后解体情况

2018 年 6 月 20 日，主变压器返厂，现场解体发现：油箱内部有碎裂套管碎瓷，高压 A 相上部有碎瓷。部分碎瓷有发黑现象；高压 A 相引线烧黑损伤，绝缘纸板折裂。高压侧上夹件处有放电点；下节油箱内变压器油呈黑色；高压 A 相套管下节瓷套炸裂，套管尾部铝管和电容屏烧黑，尾部电容屏有树枝状爬电痕迹；套管穿心铝管下部紧固螺栓处开断，紧固螺栓与均压球带小截铝管脱离套管，均压球上有放电点与夹件处放电点痕迹吻合度较高。

（1）油箱内部有碎裂套管碎瓷，高压 A 相上部有碎瓷。部分碎瓷有发黑现象，如图 3-4-6 所示。

图 3-4-6　部分碎瓷发黑现象

（2）高压 A 相引线烧黑损伤，绝缘纸板折裂。高压侧上夹件处有击穿点，如图 3-4-7 所示。

（3）下节油箱内变压器油呈黑色，如图 3-4-8 所示。

（4）高压 A 相套管尾部烧黑，瓷套炸裂，尾部有放电击穿痕迹，如图 3-4-9 所示。

（5）套管均压球及套管内部管与均压球连接的丝套断开掉落，均压球上有放电点，如图 3-4-10 所示。

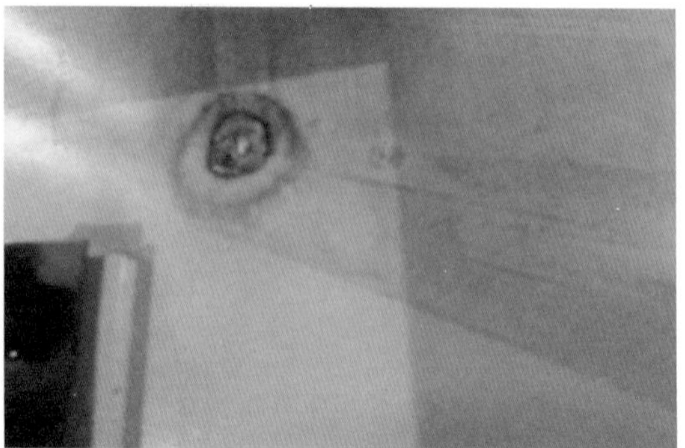

图 3-4-7 夹件处击穿点

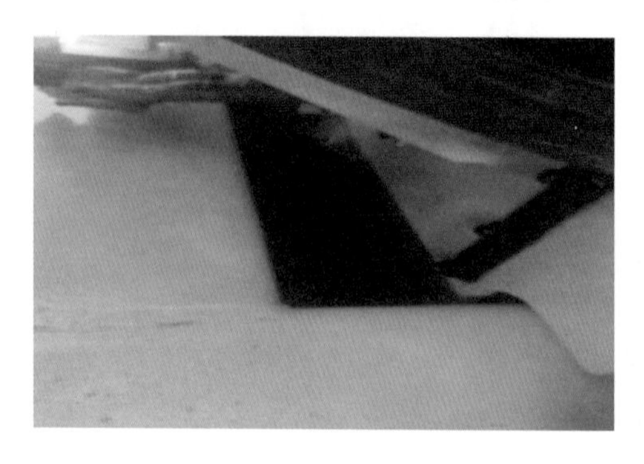

图 3-4-8 变压器油变黑

图 3-4-9 套管尾部放电痕迹

图 3-4-10 套管放电点

3 原因分析

根据现场解体情况，分析认为故障原因为：A 相套管穿芯铝管在制造过程中，下部均压件部位螺牙局部加工过深，运行中长期受到向外张力作用，逐步发生断裂，断裂后电场极不均匀，底部脱落部分与铝心杆开断处发生放电。

案例 3-5

220kV 变电站2号主变压器高压侧A相套管进水隐患

1 情况说明

1.1 缺陷过程描述

2013 年 3 月 27 日，某 220kV 变电站 2 号主变压器高压侧 A 相套管油色谱试验过程中发现乙炔等特征气体，检查发现套管内部存在少量积水现象，该型产品顶部密封环节怀疑存在设计缺陷，热胀冷缩过程中存在密封不严进水隐患。

1.2 缺陷设备基本信息

(1) 主变压器设备基本信息：

设备型号：SFPSZ-120000/220。

生产厂家：保定天威保变电气股份有限公司。

出厂日期：2002 年 7 月 1 日。

投运日期：2003 年 1 月 25 日

(2) 套管基本信息：

设备型号：BRLW-252/630-4。

生产厂家：南京电瓷总厂。

电容量：423pF。

出厂日期：2002 年 5 月。

2 检查情况

2.1 隐患发现过程

2013 年 3 月 27 日，对某 220kV 变电站 2 号主变压器进行套管取油样油色谱分析。高压侧 A 相套管初次取样 60～70mL 发现油样较混浊，取样器内悬浮有明显细小水珠（见图 3-5-1），即怀疑套管底部靠近均压球处有积水存在。再次取样 120mL，样品呈微黄色透明状、无明显水珠。

图 3-5-1　初次取油样样品

2.2 试验数据对比分析

（1）油务化验。

A相套管色谱分析乙炔含量0.69μL/L（注意值1μL/L），油中含有少量乙炔与前次试验结果相比，烃类气体均有少量增长，但未超过注意值。对B、C相套管油色谱试验未发现乙炔。

随即进行油中微水测试，超标严重。第二次取样复测，色谱分析结果与首次相同，但微水含量大大降低。第一次取样60～70mL后，第二次复测微水含量大大降低，分析套管底部积水量较小，水珠在高场强下放电，产生少量烃类气体。油水混悬物小于100mL，取样一次后基本排净。表3-5-1为本次与上次高压侧套管油色谱试验数据。

表3-5-1　本次及上次高压侧套管油色谱试验数据

设备历次试验数据［数据单位：特征气体（μL/L）　微水（μg/L）　油耐压（kV/2.5mm）］										
试验日期	相别	H_2	CO	CO_2	CH_4	C_2H_4	C_2H_6	C_2H_2	总烃	微水
2006-03-27	A	43.8	255.18	367.36	2.77	0.65	0.65	0	4.07	
	B	55.42	387.56	433.93	2.98	0	0	0	2.98	
	C	25.25	308.38	388.83	2.67	0	0	0	2.67	
2013-03-27	A	52.18	957.70	3339.35	8.63	1.7	1.57	0.69	12.59	153
	B	56.42	968.23	2589.39	7.8	0.63	1.1	0	9.53	
	C	40.22	955.09	2251.57	7.94	0.65	1.19	0	9.78	
2013-03-27（第二次）	A	55.9	923.6	2907	7.8	1.57	1.44	0.66	11.47	23

（2）电气试验。

套管介质损耗因数及电容量未见异常。

（3）现场检查情况。

综合油化及电气试验结果可以判断，套管电容芯子绝缘未受到破坏，套管内部的中上层油未受到严重污染，结合厂家建议。决定对套管进行换油处理，同时检查套管油枕查找水分进入的原因。

首先，对该套管所有密封点进行了分析，套管头部主要有七个密封点，如图3-5-2所示。

其中a、b的作用是为了防止套管导电管（即变压器本体）与大气相通，c、e、f、g的作用是为了防止套管芯子与大气相通，d的作用是将套管芯子与套管导电管（即变压器本体）隔离。

现场人员首先对容易拆卸的a、e、f、g进行了拆卸，发现其密封螺栓压力充足，密封垫弹性良好，此三处密封不良的可能性被排除。

然后，检修人员打开油枕盖板，检查b密封垫。发现油枕盖板上的密封槽及O形密封圈上涂抹有密封胶，O形密封圈圆周受到不均匀的压痕，表面粗糙，部分被挤压出密封槽，如图3-5-3中箭头指示。检查油枕弹性板上表面，未发现有进水痕迹。

打开油枕弹性板，检查c密封点。弹性板下O形密封圈整体上外观弹性良好。但局部沿圆周有不均匀的压痕，如图3-5-4中箭头指示。

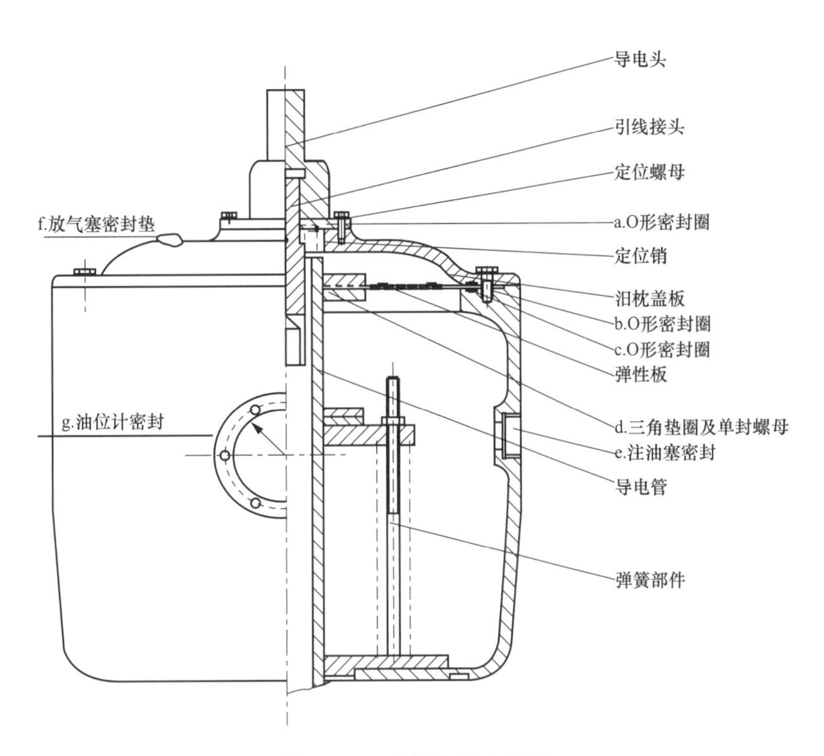

图 3-5-2　套管各处密封垫

图 3-5-3　油枕盖板下 O 形密封圈

图 3-5-4　弹性板下 O 形密封圈

检查弹性板，其材质为 1mm 后的不锈钢，结构为若干凹凸的同心圆，如图 3-5-5 所示。

图 3-5-5　弹性板

检查弹性板下密封面，即与 c 密封垫的接触面，如图 3-5-6 所示。存在 c 密封垫与弹性板的不稳定压痕，红色箭头指示部分清洁度高，为实接触；蓝色箭头指示部分有为虚接触；黄色箭头指示部分为双密封线。

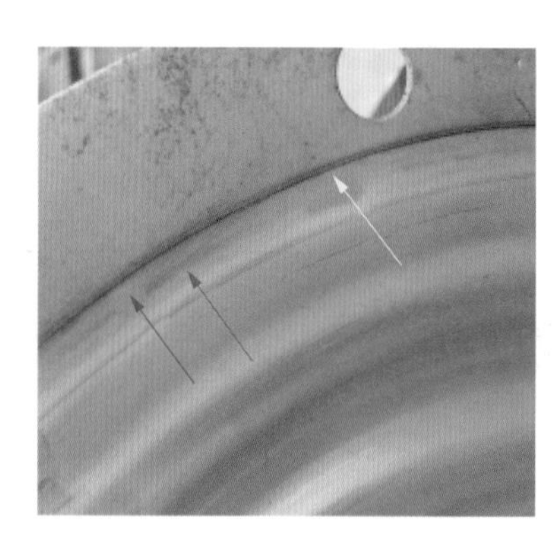
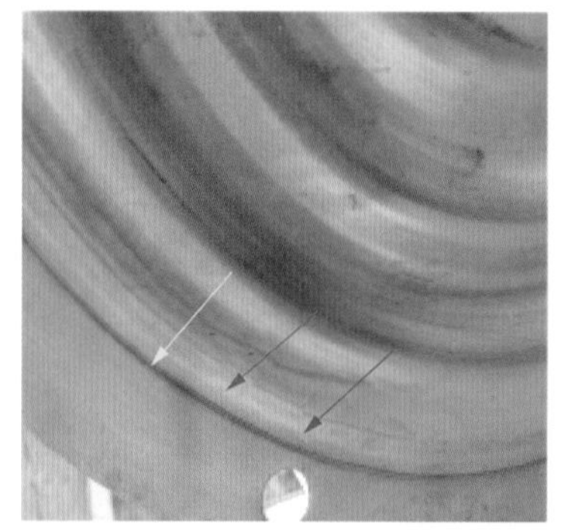

图 3-5-6　弹性板下密封面

检查弹性板和螺栓安装孔的尺寸配合，红色箭头指示部分相差约 1.5～2mm，如图 3-5-7 所示。

图 3-5-7　弹性板和螺栓安装孔

检查油枕底部凹槽处，未发现有明显水痕，如图 3-5-8 所示。

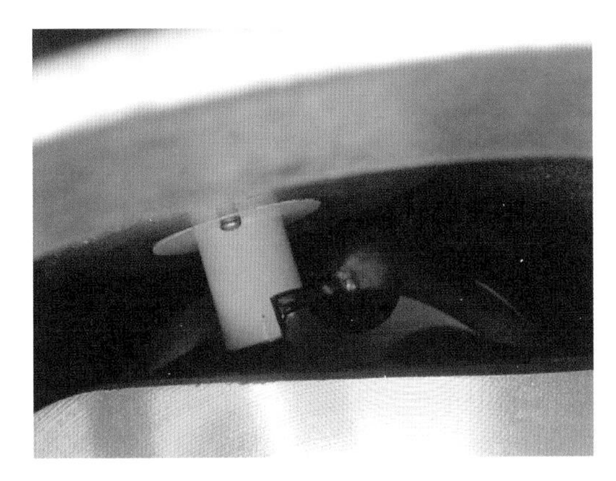

图 3-5-8　油枕底部凹槽

3　原因分析

该套管型号为 BRLW-252/630-4，套管顶部储油柜密封结构设计不良，油枕弹性板在膨胀及收缩过程中，其与 bc 密封垫的相对位置会发生水平或纵向的位移，微观上密封面的压力和密封面积会反复变化，密封面是随弹性板的变化动态变化的，整体密封稳定性能处于一种不稳定的状态，从而造成局部渗入水分受潮，示意图如图 3-5-9 所示。

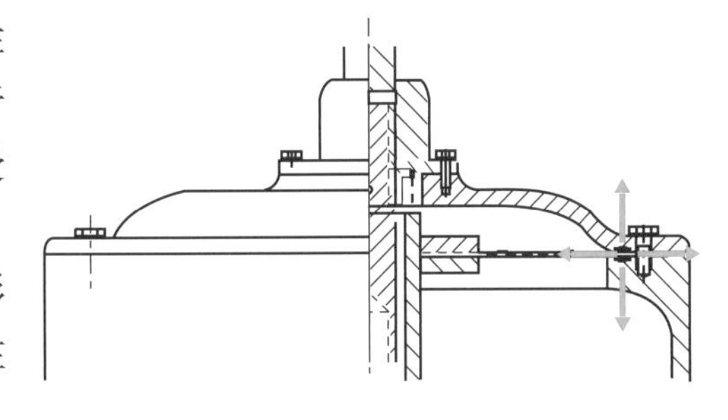

图 3-5-9　渗水受潮示意图

由于属于微渗，水分未能在渗入路径上形成明显锈蚀或水痕，小型水珠经常性浸入，在油中漂浮、逐渐沉积，积聚到套管底部。

4　采取的措施

对该支（A 相）套管芯部用清洁油进行反复冲洗，以清除电容芯子表面残留水分，重新抽真空注入新绝缘油，经电气试验及油务化验均合格。对头部 bc 密封垫采取加强密封措施，更换密封效果不良的 b 密封垫，对 bc 密封面加涂 401 密封胶，扩大密封面积、强化密封效果，对密封面的外围加涂玻璃胶，堵塞潮湿空气渗入的通路。对 BC 相进行了同样的措施加强密封。

根据本台主变压器的实际情况，通过常规高压试验未能发现设备的缺陷信息，通过油色谱试验发现试验数据与历史试验数据有很大变化，变压器本体可结合带电取油样及在线监测不间断跟踪，可是根据状态检修试验规程套管周期为 4.5 年，有很大的空白期，需要采取有针对的措施。

案例 3-6

110kV 变电站1号主变压器直流电阻超标缺陷分析

1 情况说明

1.1 缺陷过程描述

2011 年 3 月 24 日，某 110kV 变电站对 1 号主变压器进行高压侧绕组（110kV 侧）直流电阻测试时发现 110kV 侧 A、B 两相绕组直流电阻超标，绕组相互间差别数据较上次试验均有明显的增长，其中 B 相直流电阻的最大差别达到 8.176%，现场打开 1 号主变压器 A、B 相套管密封导电帽，发现 110kV 套管 B 相引线接头与导电密封头连接处严重烧蚀，110kV 套管 A 相引线接头与导电密封头连接处轻微烧蚀，设备存在重大安全隐患，现场及时进行了处理，消除了隐患。

1.2 设备基本信息

（1）主变压器设备基本信息：

型号：SSZ7-40000/110。

制造厂家：保定保菱变压器有限公司。

出厂日期：2006 年 10 月 1 日。

投运日期：2007 年 8 月 30 日。

（2）主变压器套管基本信息：

套管型号：BRL2W3-126/630-4。

生产厂家：西安西电高压电瓷有限公司。

出厂日期：2006 年。

投运日期：2007 年 8 月 30 日。

2 检查情况

2.1 红外测温情况

2010 年测温发现异常，数据如表 3-6-1 所示：根据 DL/T 664—2008《带电设备红外诊断应用规范》判定该缺陷为一般缺陷，当时采取加强监视，注意观察其缺陷的发展，利用停电机会检修，有计划地安排检修试验消除缺陷的措施。

表 3-6-1　　某 110kV 变电站 1 号主变压器套管过热缺陷

测试时间	故障部位	负荷电流（A）	环境温度（℃）
2010-1-5	110kV 侧 B 相套管佛手接头过热 23℃/0℃（正常相）	71	−9
2010-8-3	A 相 110kV 侧套管接头 68℃/42℃（正常相） B 相 110kV 侧套管接头 74℃/42℃（正常相）	103	32

续表

测试时间	故障部位	负荷电流（A）	环境温度（℃）
2011-1-19	A相110kV侧套管接头27℃/2℃（正常相） B相110kV侧套管接头29℃/2℃（正常相）	79	−2

2.2 主变压器试验情况

2011年3月24日对1号主变压器进行例行试验，在进行高压侧绕组的直流电阻测试过程中，发现A、B相绕组直流电阻数据较初始值及上次试验数据有显著增长，其中以B相较严重，下面以1分接为例，如表3-6-2所示。依据《河北省电力公司输变电设备状态检修试验规程》中规定：①1.6MVA以上变压器，各相绕组相互间的差别不大于2%（警示值）；无中性点引出的绕组，线间差别不大于1%（警示值），且换算到相电阻，相间互差不大于±2%（警示值）。②与同相初值比较，其变化不大于±2%（警示值）。

表3-6-2　　本次测试与历史测试数据对比（以1分接为例）

2011年3月24日处理前测试数据（mΩ）					2009年4月22日的例行试验测试数据（mΩ）				
变压器上层油温16℃					变压器上层油温23℃				
分接位置	AO	BO	CO	△*R*(%)	分接位置	AO	BO	CO	△*R*(%)
1	497.6	522.6	483.1	8.176	1	498.9	498.8	500.6	0.361
换算至20℃					换算至20℃				
1	505.5	530.9	490.8	8.170	1	493.1	493	494.8	0.365
使用测试仪器：保定金达BZC3391					使用测试仪器：保定金达BZC3391				
2008年5月8日例行测试试验数据（mΩ）					2007年3月30日交接测试数据（mΩ）				
变压器上层油温28℃					变压器上层油温20℃				
分接位置	AO	BO	CO	△*R*(%)	分接位置	AO	BO	CO	△*R*(%)
1	504.0	504.7	504.5	0.139	1	480.2	483.6	480.6	0.708
换算至20℃					换算至20℃				
1	488.7	489.3	489.2	0.123	1	480.2	483.6	480.6	0.708
使用测试仪器：保定金达BZC3391					使用测试仪器：保定金达BZC3391A				

可以看出三相绕组相互间的差别达到8.176，与同相初值（2008年5月8日首次试验）比较，变化为8.502%，均远超过2%的警示值。连续测试多个分接位置，发现测试数据规律性明显，均为A、B相较大，C相数据正常。

发现变压器直流电阻增大时，首先，排除有载分接开关接触不良的影响，如果有载调压开关接触处受到氧化，表面会形成氧化膜造成直流电阻不平衡，经过现场多次调节有载调压开关，使触头反复接触，去除氧化膜，结果测量数值未发生较大变化，排除有载分接开关接触不良的可能。

检查外接引线处，打磨测量引线接触点，测量结果没有变化。为确定故障部位，将直流电阻偏大的A、B相将军帽取下，将测试线直接接到导电杆上，测试数据为表3-6-3所示，相间及同相比较数据均符合标准要求，数据正常。

表 3-6-3　将测试线直接接到导电杆上及处理后（以 1 分接为例）

2011 年 3 月 24 日直接接到导电杆上测试数据（mΩ）					2011 年 3 月 24 日处理后测试数据（mΩ）				
变压器上层油温 16℃					变压器上层油温 16℃				
分接位置	AO	BO	CO	$\triangle R$(%)	分接位置	AO	BO	CO	$\triangle R$(%)
1	482.1	482.7	484.8	0.56	1	482.4	482.9	484.5	0.43
换算至 20℃					换算至 20℃				
1	489.8	490.4	492.5	0.55	1	490.1	490.6	492.2	0.43
使用测试仪器：保定金达 BZC3391					使用测试仪器：保定金达 BZC3391				

说明故障部位在套管导电杆和将军帽之间，检查导电杆和将军帽导电部位，发现 110kV 套管 B 相引线接头与导电密封头连接处严重烧蚀，110kV 套管 A 相引线接头与导电密封头连接处轻微烧蚀，检修人员对套管导电杆进行了处理、对将军帽进行了更换，并加装弹性物质，检修后，测试变压器高压侧所有档位直流电阻不平衡率全部合格，缺陷得到有效处理。图 3-6-1 为套管导电杆和将军帽烧伤处。

图 3-6-1　套管导电杆和将军帽烧伤处

3　原因分析

通过近年试验数据及远红外测试数据分析，可以发现高压绕组 A、B 相直流电阻及将军帽温度均从 2009 年开始增大。

（1）直接原因。

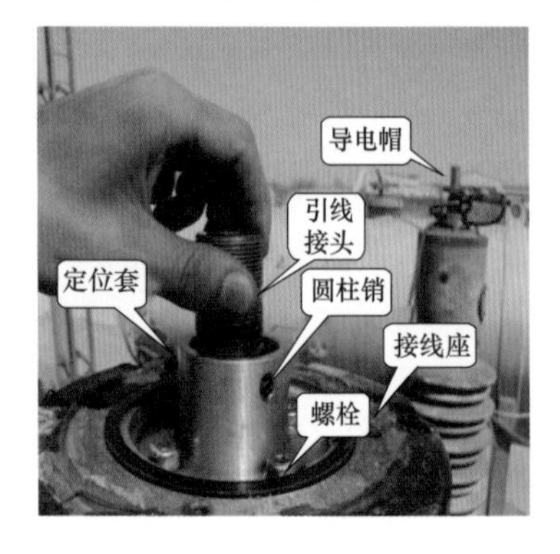

图 3-6-2　套管头部组成

经分析认为原因是套管引线导电杆与将军帽间配合丝牙相互之间配合不紧密，明显松动，长期运行发热氧化。而过热又会进一步促使接触电阻增大，加剧过热现象，如此恶性循环，以致发热严重造成烧伤，测试绕组的直流电阻时测试值增大。

（2）深层次原因。

如图 3-6-2 所示，套管端部外侧由导电帽覆盖。内侧包括引线接头、定位套、圆柱销、螺栓，下侧包括接线座，如图 3-6-2 所示。

该型套管头部安装时，先把引线接头用圆柱销固定在接线座上，再安装导电帽；引线接头与导电帽的连接，是通过引线头的外螺纹与导电帽的内螺纹连接在一起的。内外螺纹连接后一般都有锁紧措施，以保证螺纹连接紧固。可是该型套管在引线接头与导电帽连接后，没有采取任何锁紧措施，直接将导电帽安装在接线座上，而且导电帽与接线座连接用的四个螺栓孔，相对位置是随机的，为了对准螺栓孔不得不调整导电帽与接线座的相对位置。这时引线接头的外螺纹与导电帽的内螺纹连接是不紧固的，不能完全保证导电接触面接触良好。当电流通过该接触面时，有可能造成接触面过热或者产生放电烧蚀接触面。

通过以上分析认为该型套管的头部安装存在设计缺陷，必须采取可靠措施加以改进才能防止缺陷再次发生。

首先测量引线接头顶部高出接线座的距离，经测量数值为 74mm。再测量导电帽凹槽的最大深度，经测量数值为 77mm。测量密封胶垫压缩后高出接线座的高度，测量值为 2mm。由此可以算出引线头顶部与导电帽的距离：77＋2－74＝5（mm），如图 3-6-3 所示。

图 3-6-3　引线接头顶部与导电帽的距离

通过计算可知，只要在引线接头顶部与导电帽之间加装厚度在 5mm 以上的弹性物质，导电帽与引线接头连接后能够压缩弹性物质，同时弹性物质给导电帽和引线接头一个相反的力，这个力使导电帽、引线接头连接紧固，导电面接触良好。

检修人员制作的弹性物质——胶皮，胶皮厚度为 3mm，把胶皮冲制成圆片。在引线接头顶部放置厚 6mm 的两层胶皮，如图 3-6-4 所示。

图 3-6-4　引线接头顶部的两层胶皮

进行连接试验时可以发现导电帽在胶皮上压出的圆圈印痕（如图 3-6-5 所示），说明引线接头和导电帽已经使胶皮压缩，胶皮也给它们同样的力使导电帽与引线接头连接紧固。

图 3-6-5　导电帽压出的圆圈印

采取临时措施处理后的试验结果、红外测温结果正常。

结论：综上分析，认为该型套管的头部存在设计缺陷，是造成本次故障的主要原因。

4　采取的措施

结合停电机会对将该型套管顶部结构进行了改造，从而彻底解决该问题。利用套管头部结构，研制了一种增大导电帽与导电杆螺纹连接压力的专用弹簧，该弹簧可恰当嵌入导电杆头部的 M12 螺栓孔内，上部留出总长度的 1/3，弹簧压缩后可填充导电帽与导电杆之间的空隙，同时提供的弹力，加大了螺纹间的应力，保证螺纹接触良好。

选用的弹簧规格计算：

弹簧弹力 F=弹簧刚度 k×弹簧压缩量 x

$$k=(G\times d_4)/(8\times D_3\times n_1)(\mathrm{N/mm})$$

式中　G——弹簧模量（不同材料取值不同，资料上可查得）；

d——弹簧钢丝直径，mm；

D——弹簧中径，mm；

n_1——弹簧有效圈数。

经计算，选用弹簧长度为 50mm，导电帽安装紧固后，弹簧弹力 F 可达到 100N，螺纹压力增加，可有效解决螺纹连接接触不良问题。

专用弹簧为高碳钢材料设计，成本低，具有高的强度和硬度、高的弹性极限和疲劳极限；专用弹簧选用弹簧圈数合适，以游标卡尺准确测量导电帽底部与导电杆头部之间空隙，以及导电杆头部垂直螺栓孔深度，根据弹簧钢丝直径，选择合适的弹簧圈数，保证在弹簧压缩量最大时弹簧长度恰好满足空隙填充，此时弹簧可提供最大弹力。安装便捷，只需打开套管头部，测量相应尺寸后选择合适长度的弹簧，放入弹簧即可完成改造工作。

案例 3-7

110kV 变电站1号变压器套管漏水引起绝缘故障

1　情况说明

1.1　缺陷过程描述

2006 年 5 月 21 日 16 时 12 分，雷雨大风天气。某 110kV 变电站 1 号主变压器发生绕组匝间短路故障，差动保护动作，主变压器三侧断路器跳闸。故障发生后，省电研院赶赴现场参与故障分析，初步分析两台变压器均为从套管端部进水而发生故障。为进一步分析套管进水的原因，先后在保菱、济南志友变压器厂对套管结构进行了专项调查，并参考了省公司生产部在南京电瓷总厂的试验情况。

1.2　缺陷设备基本信息

（1）主变压器设备基本信息：

主变压器型号：SFSZ9-31500/110。

生产厂家：沈阳变压器有限公司。

出厂日期：2000 年 12 月 1 日。

投运日期：2001 年 10 月 25 日。

（2）110kV 套管基本信息：

套管型号：BRDLW-110/630-3。

生产厂家：南京电瓷总厂。

出厂日期：2000 年 8 月 1 日。

投运日期：2001 年 10 月 25 日。

2　检查情况

2.1　现场试验情况

变压器故障发生后进行直流电阻测试，发现 110kV 侧 A 相断线。绝缘油气相色谱分析数据为油中乙炔含量 95.1μL/L（标准为：5μL/L）、总烃 188.5μL/L（标准为：150μL/L），乙炔和总烃含量均超标，三比值分析判断为主变压器内部存在高能量放电。其他试验未见异常。

2.2　主变压器吊罩检查情况

2006 年 5 月 26 日上午，对 1 主变压器吊罩检查，A 相主绕组出线部位烧损；A 相压饼处有明显水迹，对此处残油的分析结果表明此处油中含水量达 2000μL/L 以上；B 相压饼下部有一绝缘垫块脱落。A 相上压板处有大片碳黑痕迹，如图 3-7-1 所示，A 相绕组出线与调压绕组结合部明显烧损，如图 3-7-2 所示；6 月 2 日，变压器在保菱变压器厂解体检查，高压绕组高电位第一饼，两个线匝完全烧断，静电板烧损。A 相中、低压绕组及 B、C 两相高、中、低绕组均没有损坏。

图 3-7-1　A 相上压板碳黑痕迹

图 3-7-2　A 相主绕组烧损

综上所述，该主变压器造成故障的直接原因为套管端部密封不良进水。

2.3　套管密封检查

2006 年 6 月 8～9 日对 1 号主变压器的南京电瓷总厂生产的套管进行了解体检查和密封试验。

（1）套管结构。

该套管为 2000 年 8 月出厂，型号为 BRDLW-110/630，其顶部结构如图 3-7-3 所示。

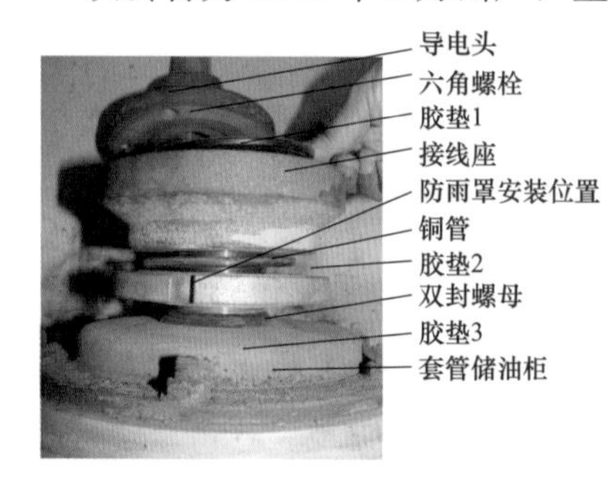

图 3-7-3　未安装防雨罩的套管顶部结构

导电头接佛手线夹，4 条六角螺栓将导电头、胶垫 1 及接线座紧固在一起，接线座内有空腔，安装固定主变压器引线导电棒的定位螺母和圆柱销，接线座安装在铜管上，该铜管是套管的内电极，直通套管的另一端。接线座及以下部件均应在厂家紧固良好，非现场组装内容。接线座下面有防雨罩，从胶垫 2 开始向下均为防雨罩内部件（防雨罩及以下部件见图 3-7-4，防雨罩及以上部件见图 3-7-5），双封螺母下面的胶垫 3 对套管储油柜与铜管进行密封。胶垫 1、2、3 须均安装牢固才能保证主变压器套管顶部密封良好。

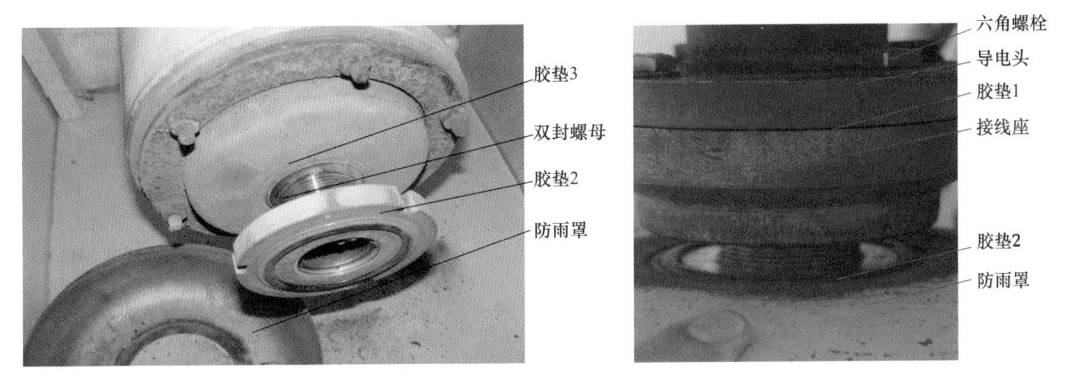

图 3-7-4　防雨罩及以下部件　　　　图 3-7-5　防雨罩及以上部件

（2）套管顶部解体检查情况。

经现场检查，A、C 相的接线座均有松动，用手即可拧动，其中 A 相松动较严重。B 相接线座固定稍好，但双封螺母连同接线座同时被拧下。

三相套管的胶垫 2 表面脏污情况比较：三相套管胶垫 2 的上表面均有较多灰尘，其中 A 相最多，B、C 相基本相当；B 相套管胶垫 2 的下表面较清洁，无明显灰尘，A 相最多，C 相有部分灰尘。（清洁程度比较见图 3-7-6）

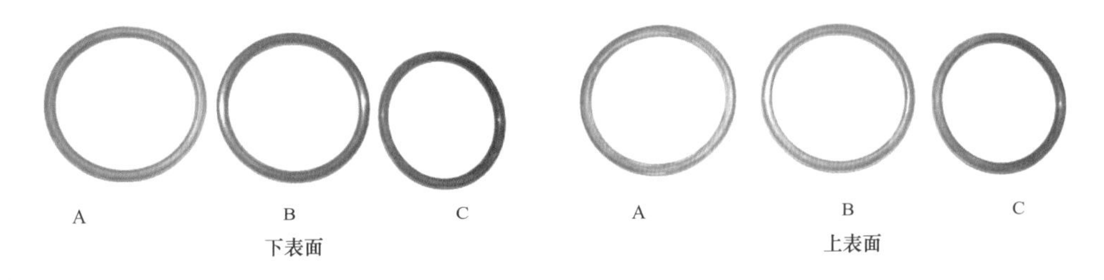

图 3-7-6　三相胶垫 2 的下表面和上表面清洁程度

（3）套管顶部密封试验情况。

取下防雨罩，将导电头与接线座用 4 条螺栓紧固（此时接线座与导电头形成一体）、在套管顶部的密封处涂肥皂水；将套管尾部均压球卸下，进行密封并充压缩空气，保持套管内充气压力为约 0.1MPa（接近本体试漏压力）正压，检测漏气情况，见图 3-7-7。

密封试验结果：接线座用手拧紧，在套管充气时，胶垫 2 处漏气；接线座用工具稍拧紧，不漏气。A 相松开约 30°（1/12 扣）时看到胶垫 2 处漏气，用手摇动导电头可导致接线座摆动（对胶垫 2 的压紧一侧紧、一侧松，张口现象），且造成大量漏气；C 相在松动约 45°（1/8 扣）时看到胶垫 2 处漏气，摇动导电头无明显加剧漏气现象；B 相在松动约 90°（1/4 扣）时看到胶垫 2 处漏气，摇动导电头无明显加剧漏气现象。

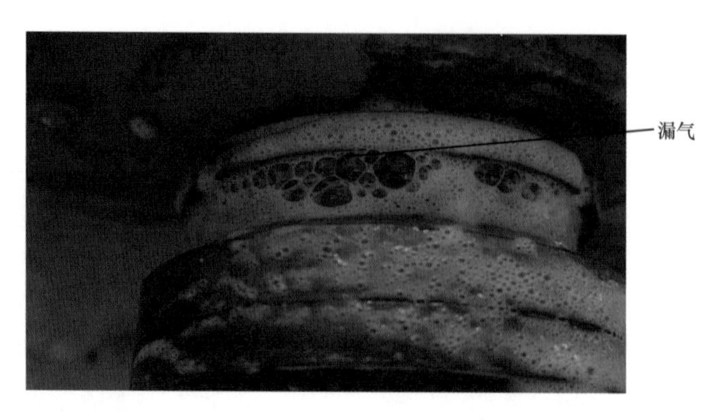

图 3-7-7　胶垫 2 处的漏气检测

从以上检查及试验情况可以看出：故障主变压器的三只套管接线座均已松动，其中 B 相松动程度最轻；故障主变压器的三支套管接线座下部的胶垫 2 均已失去密封效果，有不同程度的灰尘进入密封面，其中 A 相脏污最严重，B 相相对较洁净；B 相套管双封螺母松动，有套管主绝缘受潮的可能；三相套管接线座处螺纹加工精度存在差异，其中 A 相误差最大。

3　原因分析

3.1　胶垫性能及套管机加工质量存在差异

套管接线座与双封螺母之间的密封胶垫质量对变压器进水与否影响较大。质量较好的胶垫在运行早期由于弹性较好不易进水，随着运行时间的延长，胶垫弹性逐渐下降，进水可能性也会逐渐增大。

各套管导电杆与接线座间的螺纹加工精度存在较大差异。在有外力摇动接线座的情况下，各套管进水速度不同。

3.2　套管密封结构设计无防松措施

运行中变压器引线拆装时对其产生的扭力、风吹引线摆动对套管施加的扭动力矩均可以造成套管接线座松动；套管接线座松动的其他影响因素还包括套管出厂时接线座的装配力矩大小、变压器运行中的振动、螺纹加工精度、变压器在安装和检修预试过程中拆装引线时对其产生的扭转力矩等。

3.3　主变压器内部进水的途径是呼吸效应

因 110kV 主变压器的 110kV 套管顶部高于变压器本体储油柜顶部，当套管顶部失去密封后，套管内导电铜管的上部会形成一个空气室，其上部通过胶垫和螺纹等的缝隙与大气相通，底部通过变压器油与变压器本体相通。该空气室的体积大小会随主变压器本体油位的升降而变化，其体积变化以及内外温差会产生内外压差。一般情况下，当变压器负荷、油位及环境温度变化时，空气中水分会由于该空气室的呼吸作用进入变压器内部。高温天气期间如发生降雨，积存在套管顶部的雨水极易受套管内部负压作用吸入变压器内部，而大风摆动引线还会加剧套管顶部的密封破坏情况，会促使更多的水进入变压器内部，最终诱发变压器故障。

3.4　雨水从胶垫 1 处进水可能性极小

胶垫 1 是靠 4 条六角螺栓紧固夹在导电头和接线座之间，在套管安装、检修中均要检查 4 条六角螺栓紧固情况，因此雨水通过胶垫 1 处进入变压器内部可能性极小。

3.5　变压器发生故障的原因

变压器通过套管端部进水在接线座松动、温度降低、负荷减小、大风、降雨等都具备的情况下，有可能雨水通过胶垫 2 处进入变压器内部，同时变压器在进水过程中是一个累积效应，当水分逐渐侵蚀变压器绝缘不能承受系统电压时，变压器发生绝缘击穿故障。

4　采取的措施

为防止类似故障的再发生，特别是在雨季期间再次发生套管进水引起的变压器故障，采取以下措施。

（1）对南京电瓷总厂生产的，套管顶部高于变压器储油柜（油枕）油位的各电压等级油纸电容式变压器套管进行接线座密封检查，发现松动要立即处理。

（2）对套管顶部进行防松和密封处理，密封 2 处的螺纹上缠生料带或采取其他防渗措施可大大提高套管防进水性能，防止雨水顺套管进入变压器内部。

第四章　外部故障

案例 4-1

220kV 变电站小动物短路引起1号主变压器跳闸

1　情况说明

1.1　缺陷过程描述

2017 年 2 月 2 日 6 时 9 分 6 秒，220kV 某变电站 1 号主变压器电抗器室 011-4 隔离开关主变压器侧 B 相支瓶对地放电，该站报 10kV Ⅰ母线接地，19s 后 011-4 隔离开关电抗器侧母线桥连接点处发生三相短路，造成 1 号主变压器差动保护动作，1 号主变压器三侧断路器跳闸，10kV Ⅰ母线接地信号消失，10kV 备自投装置动作，全站未损失负荷。现场检查，011-4 隔离开关主变压器侧 B 相支瓶有放电痕迹，011-4 隔离开关电抗器侧三相母线桥连接点有放电痕迹。

检查 1 号主变压器本体，发现 1 号主变压器 10kV 低压侧 A 相套管底部有裂纹，裂纹部位有漏油痕迹，室外 1 号主变压器 10kV 母线桥的支持瓷瓶（简称支瓶）发生断裂错位。故障后对该站 1 号主变压器进行诊断性试验，绕组电容量、低电压阻抗、频响法绕组变形检测数据正常，绕组直流电阻合格，绝缘油色谱分析正常。

1.2　缺陷设备基本信息

（1）主变压器设备基本信息：

主变压器型号：SFPSZ10-180000/220。

生产厂家：保定天威保变电气股份有限公司。

出厂日期：2001 年 10 月 1 日。

投运日期：2002 年 5 月 30 日。

（2）011-4 隔离开关基本信息：

011-4 隔离开关型号：GN22-10。

生产厂家：湖南长沙高压开关有限公司。

出厂日期：2001 年 9 月 1 日。

投运日期：2002 年 5 月 30 日。

2　检查情况

2.1　运行方式及运行情况

运行方式：该变电站于 1981 年 12 月建成投运，投运时为 2 台 120MVA 自耦变压器；

2002年5月基建增容更换为2台180MVA变压器，同时更换主变压器10kV引线桥及支瓶和主变压器的10kV侧-4隔离开关。该站220kV及110kV配电装置均为户外地面敞开式设备双母线带旁母布置，低压侧为10kV电压等级，户内布置。该站按照反措要求：依据相关设计要求发电厂及与变电所的3～20kV户外支持绝缘子，当有冰雪时，宜采用高一级电压的产品。该站10kV户外采用了35kV支持绝缘子；变压器低压侧母线进行了绝缘化；户内非密封设备外绝缘与户外设备外绝缘的防污闪配置级差不宜大于一级，户内外均采取喷涂防污闪涂料措施。该站当时运行方式为有220kV、110kV、10kV三个电压等级，2台220kV主变压器（2×180MVA）高、中压侧并列运行，低压侧分列运行，1号变压器220kV侧中性点及110kV侧中性点接地运行，2号变压器220kV侧中性点及110kV侧中性点不接地。

2.2　上次试验信息

2012年11月23日，该主变压器停电例行试验，例行试验项目均符合《输变电设备状态检修试验规程》要求，试验数据合格。

3　原因分析

3.1　现场检查情况

变电站环境检查：检查10kV配电室，孔洞封堵良好，防小动物措施齐全；1号电抗器室东门及配电室北门被气浪冲开，其他门窗有不同程度变形，011-4隔离开关及周边地面未见引发故障相关异物，1号主变压器电抗器室内地面有絮状物（见图4-1-1和图4-1-2）。

图4-1-1　011电抗器室絮状物图

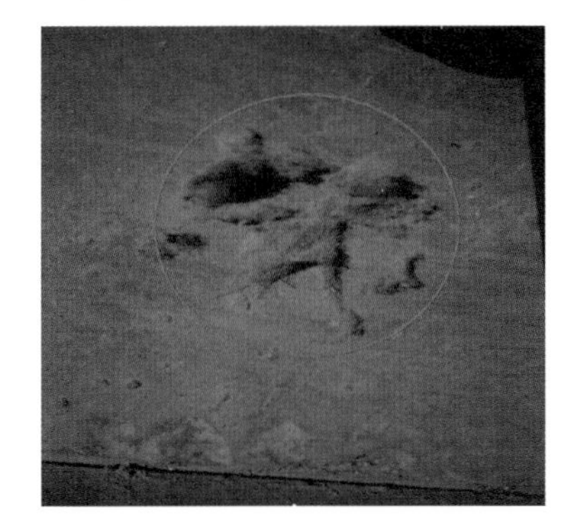

图4-1-2　絮状物放大状况

一次设备现场检查：1号主变压器10kV低压侧A相套管底部有裂纹，裂纹部位有漏油的痕迹，室外10kV母线桥的支瓶发生断裂错位。011-4隔离开关靠近主变压器侧B相支瓶发现有放电痕迹，011-4隔离开关电抗器侧三相母线桥连接点有放电痕迹，011断路器及011-1柜检查正常，如图4-1-3～图4-1-8所示。

图 4-1-3 低压侧 A 相套管底部有裂纹

图 4-1-4 10kV 引线桥支瓶断裂错位

图 4-1-5 011-4 隔离开关 B 相变侧支瓶放电痕迹

图 4-1-6 011-4 隔离开关电抗器侧放电痕迹

图 4-1-7 011 开关柜内检查正常

图 4-1-8 011-1 手车柜后检查正常

二次设备现场检查：2017 年 2 月 2 日 6 时 9 分 6 秒该站后台监控显示 10kV Ⅰ母线发生单相接地，6 时 9 分 25 秒 1 号主变压器差动保护动作跳闸，10kV 母联 001 备自投装置动作成功，10kV 母线接地信号消失。检查 10kV 出线 039 保护装置有启动报告（如图 4-1-9 所示），039 保护 TA 变比为 800/5，折算到一次的保护启动电流为 1216A（保护装置 10 倍额定电流允许 10s，40 倍额定电流允许 1s），与录波图相符（由 1216A 的 B、C 相异地两点接地故障，5ms 后发展为 62.4kA 的三相故障）。

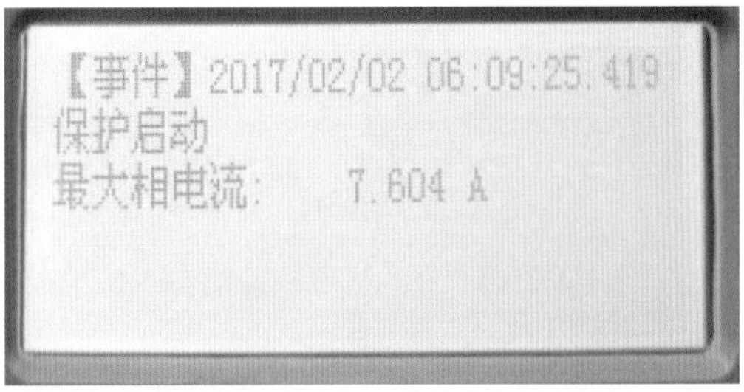

图 4-1-9 039 线路保护启动报告

继电保护动作情况：

2017 年 2 月 2 日 6 时 9 分 25 秒，1 号主变压器保护 1WJ、2WJ 差动动作跳闸，跳开 1 号主变压器三侧断路器，10kV 母联 001 备自投装置动作，见表 4-1-1。

保护动作及故障切除时间：

故障发生后，1 号主变压器保护最快 18ms 动作，54ms 切除故障。

表 4-1-1 **保 护 动 作 报 告**

1 号主变压器保护 1WJ（PST-1200U-T2-G）		
启动时间	相对时间	动作信息
2017-2-2 06：09：25：510	18ms	纵差保护
1 号主变压器保护 2WJ（PST-1200U-T2-G）		
启动时间	相对时间	动作信息
2017-2-2 06：09：25：510	18ms	纵差保护

本次故障流经 1 号主变压器低压侧的故障电流实际为高、中压侧故障电流之和，以短路电流最大的 B 相为例进行计算，实际流过 1 号主变压器低压侧的短路电流有效值约为 62.4kA。

本次故障过程中，1 号主变压器保护 1WJ、2WJ 均正确动作，该站 220kV 故障录波器（ZH-3 型）录波完好（如图 4-1-10～图 4-1-12 所示）。

3.2 检修情况及分析

故障发生后，组织人员对 1 号主变压器进行了全项目诊断试验，包括绝缘油色谱分析、直流电阻、绕组变形、绕组电容量、低电压阻抗等。数据显示，绝缘油色谱数据无异常；直流电阻合格；频响法绕组变形测试三相横比相关性良好；高频段相关系数大于 0.6，中频段大于 1，低频段大于 2；绕组电容量最大偏差为 1.202%（规程要求±5%）；低电压阻抗测试数据纵向比较最大偏差为 0.26%（规程要求±1.6%）、横向比较最大偏差为 1.2%（规程要求±2%）。试验数据显示 1 号主变压器未发生线圈异常变形及损坏情况。

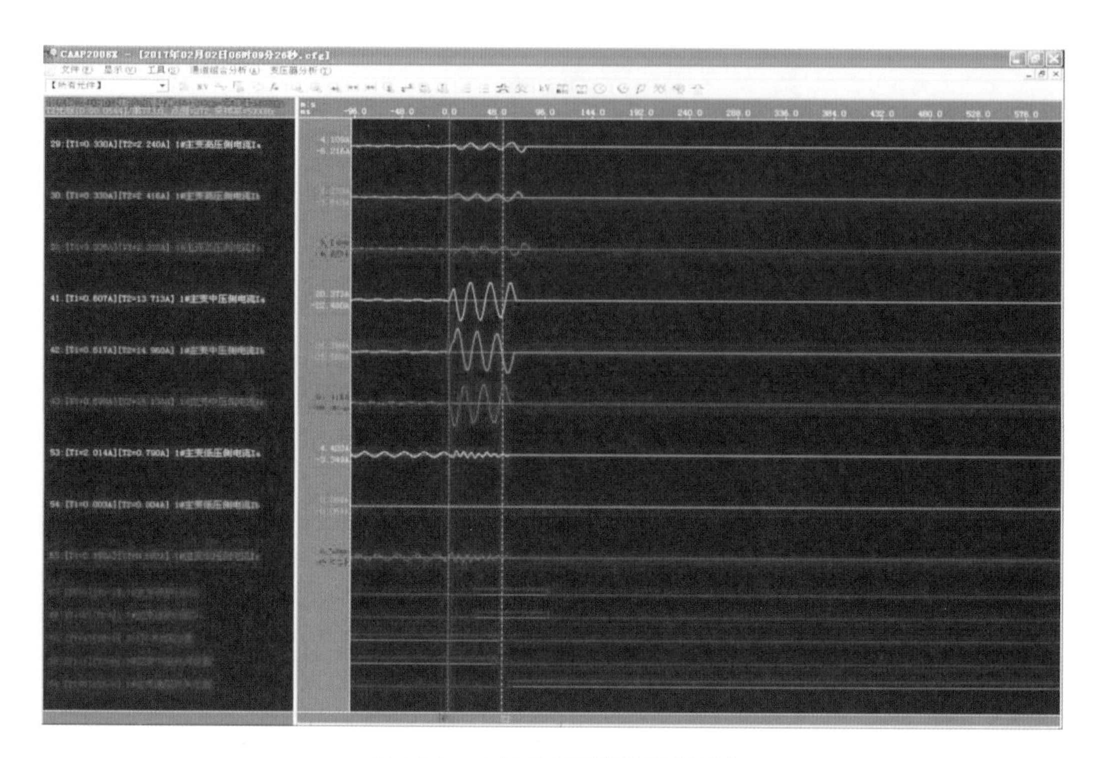

图 4-1-10　1 号主变压器故障录波图

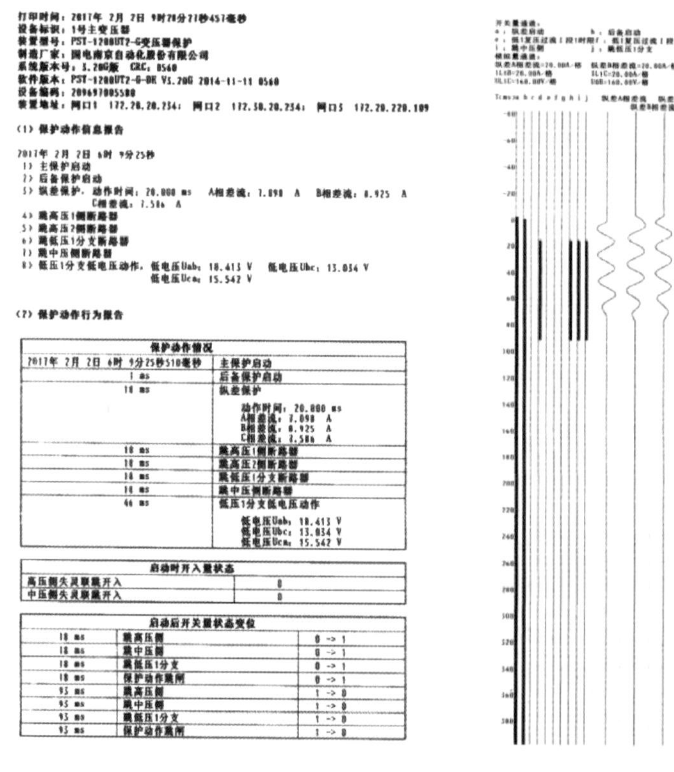

打印时间：2017年 2月 2日 9时28分27秒457毫秒
设备标识：1号主变压器
装置型号：PST-1200UT2-G变压器保护
制造厂家：国电南京自动化股份有限公司
系统版本号：3.20G版　CRC：0560
软件版本：PST-1200UT2-G-DK V3.20G 2014-11-11 0560
设备编码：209697005580
装置地址：网口1　172.20.20.234；网口2　172.30.20.234；网口3　172.20.220.109

（1）保护动作信息报告

2017年 2月 2日 6时 9分25秒
1）主保护启动
2）后备保护启动
3）纵差保护，动作时间：20.000 ms　A相差流：7.098　A　B相差流：8.925　A
　　C相差流：7.586　A
4）跳高压1侧断路器
5）跳高压2侧断路器
6）跳低压1分支断路器
7）跳中压侧断路器
8）低压1分支低电压动作，低电压Uab：18.413 V　低电压Ubc：13.034 V
　　低电压Uca：15.542 V

（2）保护动作行为报告

保护动作情况	
2017年 2月 2日 6时 9分25秒510毫秒	主保护启动
1 ms	后备保护启动
10 ms	纵差保护 动作时间：20.000 ms A相差流：7.098　A B相差流：8.925　A C相差流：7.586　A
10 ms	跳高压1侧断路器
10 ms	跳高压2侧断路器
10 ms	跳低压1分支断路器
10 ms	跳中压侧断路器
44 ms	低压1分支低电压动作 低电压Uab：18.413 V 低电压Ubc：13.034 V 低电压Uca：15.542 V

启动时开入量状态	
高压侧失灵联跳开入	0
中压侧失灵联跳开入	0

启动后开关量状态变位		
10 ms	跳高压侧	0 -> 1
10 ms	跳中压侧	0 -> 1
10 ms	跳低压1分支	0 -> 1
10 ms	保护动作跳闸	0 -> 1
95 ms	跳高压侧	1 -> 0
95 ms	跳中压侧	1 -> 0
95 ms	跳低压1分支	1 -> 0
95 ms	保护动作跳闸	1 -> 0

图 4-1-11　1 号主变压器保护动作报告

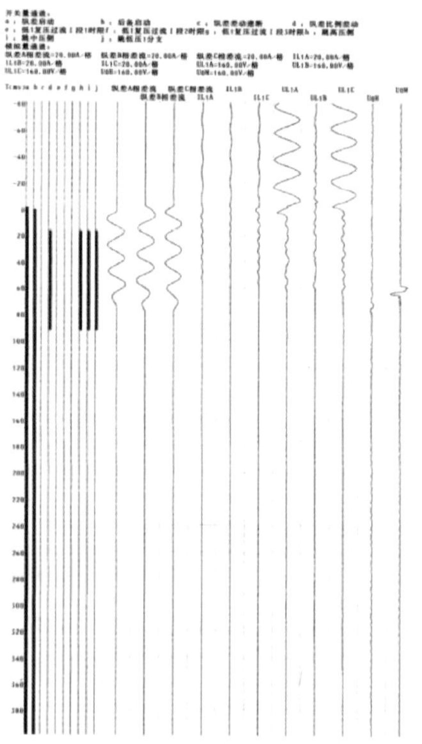

图 4-1-12　1 号主变压器保护故障录波

3.3 电气试验数据及分析

（1）对 011-4 隔离开关支瓶、011 断路器、1 号主变压器限流电抗器室内 10kV 引线桥支瓶进行高压试验，试验电压 42kV/min 通过，设备未见异常。

（2）油色谱分析数据：油色谱数据未见异常，试验结果如表 4-1-2 和表 4-1-3 所示。

表 4-1-2　　油色谱分析数据　　μL/L

采样地点	220kV 变电站		采样日期	2017.02.02	试验日期	2017.02.02
型号	SFSE10-180000/220		油重	51.2T		
厂家	保定变压器厂		试验人员			
天气：晴		温度：20℃				
设备名称			1 号主变压器			
出厂编号			A200110S04			
出厂日期			2001-10-01			
试验时间对比			2016.11.9	2017.2.2	瓦斯气	
	气体组分	注意值				
1	H_2	<150	3.34	4.17	4.28	
2	CO		541.29	1086.48	231.30	
3	CO_2		1871.91	2883.14	622.03	
4	CH_4		10.88	11.11	2.94	
5	C_2H_4		0.54	1.04	0	
6	C_2H_6		1.43	2.63	0	
7	C_2H_2	<5	0	0	0	
8	总烃	<150	12.85	14.78	2.94	
试验结论：			合格			

表 4-1-3　　1 号主变压器故障跳闸后高压试验报告

厂名	保定天威保变电气股份有限公司			额定电压（kV）	230
出厂日期	2001-10-01	出厂编号	A200110S04	额定容量（MVA）	180
型号	SFPSZ10-180000/220	相数	3	电压组合	
接线相别	5	容量组合		电流组合	
阻抗电压（%）	高—中	13.5			
	高—低	24.7			
	中—低	8.42			
负载损耗（kW）	高—中	524.5			
	高—低	95.3			
	中—低	67			
空载损耗（kW）	118.8	空载电流（%）			0.25

1）绝缘电阻测试，试验数据如表 4-1-4 所示。

表 4-1-4 绝缘电阻测试试验数据

温度：3℃ 湿度：45.0% 油温：10.0℃			
绕组绝缘电阻（三绕组）	高压对中低压及地	中压对高低压及地	低压对高中压及地
R15（MΩ）	10000	10000	5000
R60（MΩ）	15000	12500	6500
吸收比	1.5	1.25	1.3
试验仪器：可调电动兆欧表仪器编号：001			
项目结论：合格			

2）绕组介质损耗、电容量测试，试验数据如表 4-1-5 所示。

表 4-1-5 绕组介质损耗及电容量测试试验数据

温度：3℃ 湿度：45.0% 油温：10.0℃					
绕组介质损耗及电容（三绕组）	高低压对中压及地	低中压对高压及地	高压对中低压及地	中压对高低压及地	低压对高中压及地
介质损耗 tanδ(%)	/	/	0.3	0.34	0.32
电容量（pF）（实测值）	/	/	15570	21570	27730
电容量（pF）（2012 年例行试验值）	/	/	15385	21320	27300
电容量历史变化率（%）	/	/	1.202	1.125	0
试验仪器：HV9001 介质损耗测试仪 仪器编号：368					
项目结论：合格					

3）绕组直流电阻测试，试验数据如表 4-1-6 所示。

表 4-1-6 绕组直流电阻测试数据

温度：3℃ 湿度：45.0% 油温：10.0℃									
绕组直流电阻（高压绕组-相）（Ω）	AO	AO（75℃）	BO	BO（75℃）	CO	CO（75℃）	AO、BO 互差（%）	BO、CO 互差（%）	CO、AO 互差（%）	最大互差（%）
分头 5	0.3403	/	0.3416	/	0.3414	/	/	/	/	0.52
分头 6	0.3361	/	0.3329	/	0.3367	/	/	/	/	1.13
分头 7	0.3302	/	0.3319	/	0.3311	/	/	/	/	0.51
试验仪器：变压器直流电阻测试仪 仪器编号：001										
项目结论：合格										

绕组直流电阻（低压绕组-线）（Ω）	a-b	a-b（75℃）	b-c	b-c（75℃）	c-a	c-a（75℃）	最大互差（%）	不平衡率（%）	最大初值差（%）
/	0.001986	/	0.001981	/	0.001994	/	/	/	0.66
试验仪器：变压器直流电阻测试仪 仪器编号：001									
项目结论：合格									

绕组直流电阻（中压绕组-相）（Ω）	AmOm	AmOm（75℃）	BmOm	BmOm（75℃）	CmOm	CmOm（75℃）	最大互差（%）	不平衡率（%）	最大初值差（%）
分头 1	0.05449	/	0.05459	/	0.05464	/	0.28	/	/
试验仪器：变压器直流电阻测试仪 仪器编号：001									
项目结论：合格									

3.4　短路阻抗测试

温度：3℃　湿度：45.0%　油温：10.0℃。

高对中（1 分头）实测值：U_{kA}(%)＝13.99；U_{kB}(%)＝13.93；U_{kC}(%)＝14.03；三相横比偏差：0.72%＜2%(标准规定值)，铭牌短路阻抗百分数为 14，初值差为 0.13%＜1.6%(标准规定值)，据此判定高对中短路阻抗合格。

高对低（1 分头）实测值：U_{kA}(%)＝25.08；U_{kB}(%)＝25.02；U_{kC}(%)＝25.01；三相横比偏差：0.28%＜2%(标准规定值)，铭牌短路阻抗百分数为 25.1，初值差为 0.26%＜1.6%(标准规定值)，据此判定高对低短路阻抗合格。

中对低实测值：U_{kA}(%)＝13.79；U_{kB}(%)＝13.70；U_{kC}(%)＝13.62；三相横比偏差：1.2%＜2%(标准规定值)，铭牌短路阻抗百分数为 8.42，初值差为 0.03%＜1.6%(标准规定值)，据此判定中对低短路阻抗合格。

3.5　绕组频率响应特性测试

主变压器低压、中压、高压频响图如图 4-1-13 所示。

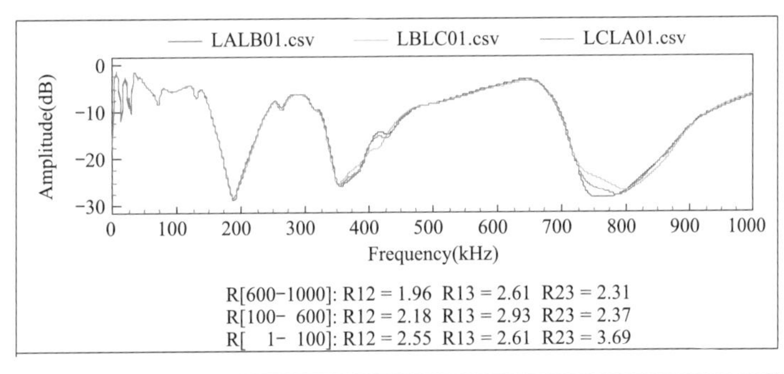

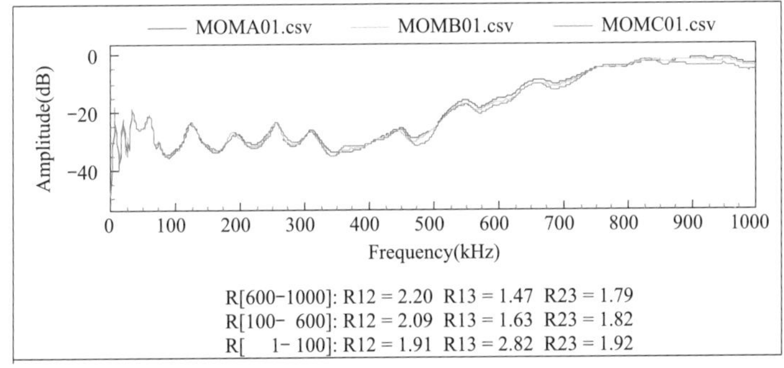

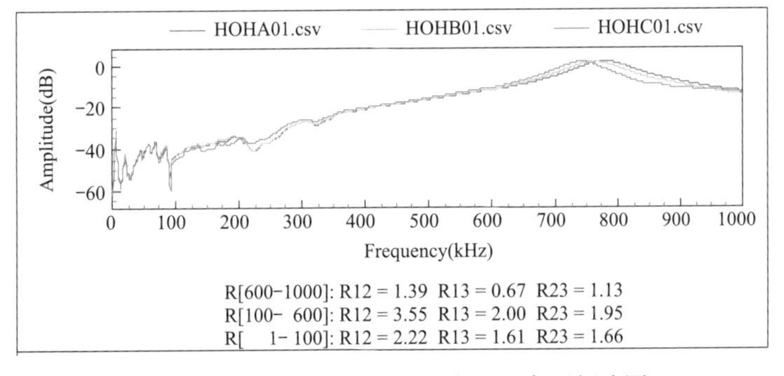

图 4-1-13　主变压器低压、中压、高压频响图

3.6 原因分析

根据变电站现场检查试验情况，结合继电保护动作及故障录波报告，对故障原因分析如下：

该站1号主变压器差动保护动作，1号主变压器三侧断路器跳闸，10kV备自投装置动作成功后，10kV Ⅰ母线接地信号消失。可以推断出引发B相接地点在主变压器差动范围之内，进一步进行深入分析。

2017年2月2日6时9分6秒，该站内011-4隔离开关B相支瓶表面脏污绝缘降低，发生闪络造成10kV Ⅰ母线B相单相接地，10kV Ⅰ母线系统A、C相电压升高。6时9分25秒，10kV Ⅰ母线的039线路帆布厂分支线避雷器C相沿面放电，引发B、C相异地两点接地短路，1号主变压器低压侧C相电流明显增大，C相故障电流达到1218A（B、C相故障电流相等）。5ms后，011-4隔离开关B相接地电弧引发三相短路。1号主变压器1WJ、2WJ差动保护动作，1号主变压器三侧断路器跳闸。故障发展成三相短路时，短路电流较大（A相故障电流58.1kA，B相故障电流62.4kA，C相故障电流59.9kA）。造成1号主变压器室外10kV母线桥的支瓶发生断裂错位。由于支瓶个体抗弯承受力有差异，造成A相引线桥脱落，致使1号主变压器A相低压侧套管受力开裂。当时设计水平年短路电流有效值为53kA，由于系统容量增加，本次故障时短路电流超出设计水平年约10kA。

依据本次实际短路电流，设计单位重新校核主变压器10kV母线桥的支瓶的动稳定，故障中1号主变压器10kV引线桥支瓶抗弯能力和个数参数不满足动稳定参数，承受不住本次故障电流的冲击。

4 采取的措施

（1）加强变电站运行环境治理，深化变电站巡视差异化管理，对运行环境较差的220kV变电站由规定的每周巡视一次缩短为每周两次，110kV变电站由规定的每10天巡视一次缩短为每周一次；运行环境特别恶劣的220kV变电站缩短为每2天巡视一次。增加运维管理人员监察督导频次，每月安排运维管理人员对变电站清扫维护情况督导检查，提高变电站运维质量。

（2）通过对变电站风机及其滤网的专项巡查，对110kV变电站配电室通风装置风机滤网老化的站由规定的每两周巡视一次缩短为每周一次，制定计划对设备改造。

（3）现场已采取了主变压器出口支瓶加密、复涂PRTV涂料、引线加装绝缘护套技术措施，防止主变压器低压侧近区短路。对未更换主变压器低压侧隔离开关的站开展设备专业巡检和红外测温，由半年巡检1次缩短为1个月巡检1次。

（4）为提高变压器引线桥动稳定能力，根据设计单位提供的校核参数，采取大弯矩支瓶。

案例 4-2

110kV 变电站低压母线桥BC相间短路引发1号变压器跳闸

1　情况说明

1.1　缺陷过程描述

2018 年 4 月 15 日 23 时 36 分 19 秒 960 毫秒，某变电站 1 号主变压器低压侧母线桥发生 BC 两相相间短路故障。36 分 19 秒 983 毫秒 1 号主变压器保护 2 微机差动动作，23 时 36 分 20 秒 422 毫秒 1 号主变压器保护 1 微机差动动作，跳开 111、311、011 断路器，将故障点隔离，1 号主变压器失电，35kV1 号母线失电、10kV1 母线失电。

23 时 36 分 20 秒 54 毫秒，该站 35kV 备自投装置起动，23 时 36 分 24 秒 55 毫秒自投跳 311 断路器、合 301 断路器，35kV1 号母线恢复供电。

23 时 36 分 20 秒 76 毫秒，该站 10V 备自投装置起动，23 时 36 分 24 秒 80 毫秒自投跳 011 断路器、合 001 断路器，10V1 号母线恢复供电。

1 号主变压器差动保护、35kV 备自投装置、10V 备自投装置均正确动作，无负荷损失。

现场检查该站 1 号主变压器三侧断路器跳闸；35kV、10V 母线及各出线运行正常；10kV 电抗器室内 1 号主变压器的 013 断路器母线排向限流电抗器拐弯处 BC 相母线排处有明显短路烧蚀痕迹。

1.2　缺陷设备基本信息

主变压器设备基本信息：

设备型号：SFSZ10-50000/110。

设备编号：021105。

生产厂家：青岛青波变压器股份有限公司。

出厂时间：2003 年 5 月。

投运时间：2003 年 11 月。

2　检查情况

2.1　缺陷/异常发生前的工况

故障前某 110kV 变电站 110kV 双母线运行，分别由门召Ⅱ线 173 带 1 母线，经 111 断路器带 1 号主变压器运行；王召线 174 带 2 母线运行，经 112 断路器带 2 号主变压器运行；高、中、低压侧母线均分列运行。110kV 该站为无人值班站，主变压器跳闸当天无计划性检修、巡视工作。2018 年 3 月对该主变压器进行停电试验，结果正常。

3 原因分析

3.1 保护动作情况

本次故障过程中，该站1号保护1微机、2微机RCS978EA型装置正确动作，跳开111、311、011断路器，将故障点隔离。35kV备自投RCS9651C型装置正确动作，跳开311断路器，合上301断路器，使35kV1号母线继续带电运行。10kV备自投RCS9651C型装置正确动作，跳开011断路器，合上001断路器，使10kV1号母线继续带电运行。保护装置正确动作，快速切除故障。表4-2-1为保护动作报告。

表4-2-1 保护动作报告

1号主变压器保护1微机
保护型号：RCS978EA
动作时间：2018年4月15日23时36分20秒399毫秒 起动
2018年4月15日23时36分20秒421毫秒 工频变化量差动
2018年4月15日23时36分19秒983毫秒 比率差动
1号主变压器保护2微机
保护型号：RCS978EA
动作时间：2018年4月15日23时36分19秒960毫秒 起动
2018年4月15日23时36分19秒982毫秒 工频变化量差动
2018年4月15日23时36分20秒422毫秒 比率差动
35kV备自投装置
保护型号：RCS9651C
动作时间：2018年4月15日23时36分20秒54毫秒 整组起动
2018年4月15日23时36分24秒55毫秒 自投跳电源1
2018年4月15日23时36分24秒155毫秒 自投合分段
10kV备自投装置
保护型号：RCS9651C
动作时间：2018年4月15日23时36分20秒76毫秒 整组起动
2018年4月15日23时36分24秒80毫秒 自投跳电源1
2018年4月15日23时36分24秒182毫秒 自投合分段

3.2 现场检查情况

现场检查1号主变压器外观正常，主变压器至高压室穿墙套管处母线桥无异常，母线排绝缘护套热缩情况良好；10kV电抗器室内1号主变压器013断路器母线排向限流电抗器拐弯处BC相母线排处有明显短路烧蚀痕迹，烧蚀痕迹成放射状，烧蚀处有多个烧蚀点（见图4-2-1）；10kV电抗器室内母线排未进行绝缘护套热缩。

3.3 现场试验情况

现场对1号主变压器进行短路阻抗、频响试验等电气试验，绝缘油色谱检查，母线桥耐压试验等，均无异常。主变压器本体油色谱试验数据见表4-2-2，电气试验报告见表4-2-3，1号变压器绕组变形图谱见图4-2-2。

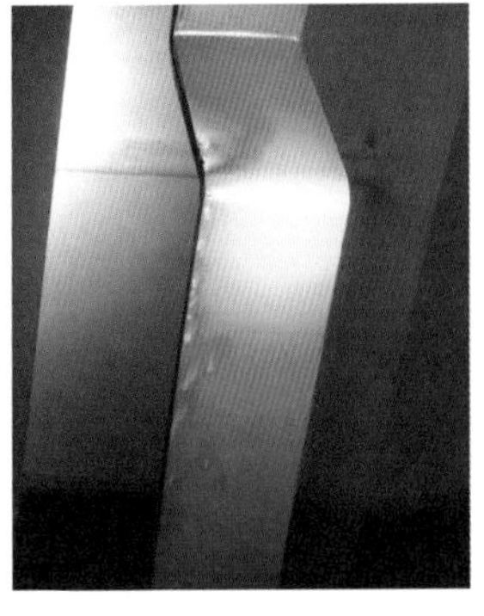

图 4-2-1　母线排处的短路烧蚀痕迹

表 4-2-2　　**主变压器本体油色谱试验数据**　　μL/L

单位	××站
设备名称	1 号主变压器
取样日期	2018 年 4 月 16 日
分析日期	2018 年 4 月 16 日
型号	SFSZ10-50000/110
厂家	青岛青波变压器股份有限公司
出厂日期	2003 年 5 月
编号	021105
相别	本体
CH_4	49.255
C_2H_4	26.729
C_2H_6	19.644
C_2H_2	0.422
H_2	36.827
CO	1075.183
CO_2	4073.914
总烃	96.05
分析意见	含量未发现异常

表 4-2-3　　**电 气 试 验 报 告**

绕组连同套管的介质损耗试验　　仪器型号：AI—6000　　编号：AI0816A

变压器上层油温度（℃）	10	tanδ%		C_x(pF)		
		实测值	换算值	实测值	初始值	△C(%)
高压—中压、低压及地		0.28	0.364	19390	19700	−1.57
中压—高压、低压及地		0.24	0.312	30270	30440	−0.56
低压—高压、中压及地		0.19	0.247	22180	22310	−0.58
高压、中压—低压及地						
高压、中压及低压—地						
标准		不大于 0.8%		与出厂或上次试验数据差别不大于±3%		

绝缘电阻吸收比及极化指数试验（MΩ）　　仪器型号：DM50B　　编号：501074

参数		绝缘电阻（MΩ）		吸收比	极化指数	
	R_{15s}	R_{60s}	R_{10min}	R_{60s}/R_{15s}	R_{10min}/R_{60s}	
高压—中压 低压及地	实测值	31000	40000		1.29	
	换算值（20℃）	20667	26667			
中压—高压 低压及地	实测值	26000	35000		1.35	
	换算值（20℃）	17333	23333			
低压—高压 中压及地	实测值	18000	24000		1.33	
	换算值（20℃）	12000	16000			
高压、中压— 低压及地	实测值					
	换算值（20℃）					
高压、中压及 低压—地	实测值					
	换算值（20℃）					
标准	当绝缘电阻大于10000MΩ时吸收比和极化指数仅做参考。 吸收比不低于1.3，极化指数不低于1.5					

铁芯对地绝缘电阻试验　　仪器型号：DM50B　　编号：501074

参数	绝缘电阻	标准
铁芯—地（MΩ）	11000	不低于100MΩ　不低于出厂值的70%　（新投运变压器不低于1000MΩ）
夹件—地（MΩ）	—	

短路损耗试验

绕组		额定电压（kV）	短路阻抗（%）		差别（%）	
			出厂值	测量值		
HV	MV					
9b	/		10.31	10.39	0.776	
HV	LV					
9b	/		18.33	18.17	0.873	
MV	LV					
/	/		6.40	6.43	0.469	

套管联同绕组的直流电阻（mΩ）　　仪器型号：SM333　　编号：433207

变压器上层油温度（℃）				10			
	高压侧						
	测量值			换算值（75℃）			不平衡率（%） 不大于2%
	AO	BO	CO	AO	BO	CO	
1	375.5	377.4	377.2	475.1	477.5	477.3	0.51
2	370.8	372.7	372.8	469.2	471.6	471.7	0.54
3	366.2	368.1	367.9	463.4	465.8	465.5	0.52
4	361.6	363.5	363.4	457.5	459.9	459.8	0.53
5	356.1	358.9	358.7	450.6	454.1	453.9	0.79
6	352.4	354.3	354.2	445.9	448.3	448.2	0.54
7	347.9	349.9	349.5	440.2	442.7	442.2	0.57
8	343.4	345.3	345.1	434.5	436.9	436.7	0.55
9	337.9	339.3	338.3	427.5	429.3	428.1	0.41
10	343.6	345.5	345	434.8	437.2	436.5	0.55
11	347.7	350	349.8	439.9	442.9	442.6	0.66
12							

续表

中压侧							
	测量值			换算值（75℃）			不平衡率（%）不大于 2%
	AmOm	BmOm	CmOm	AmOm	BmOm	CmOm	
1	45.02	45.11	45.29	56.96	57.08	57.31	0.60
2							

低压侧							
测量值			换算值（75℃）			不平衡率（%）	
ab	bc	ca	ax	by	cz	0.58	不大于 2%
4.511	4.498	4.508	8.56	8.57	8.52		
ax	by	cz	ax	by	cz		不大于 2%
标准	1.6MVA 以上变压器，各绕组相间差别不大于 2%；无中性点引出绕组，线间差别不大于 1%。与以前相同部位测得值比较，其变化不大于±2%						

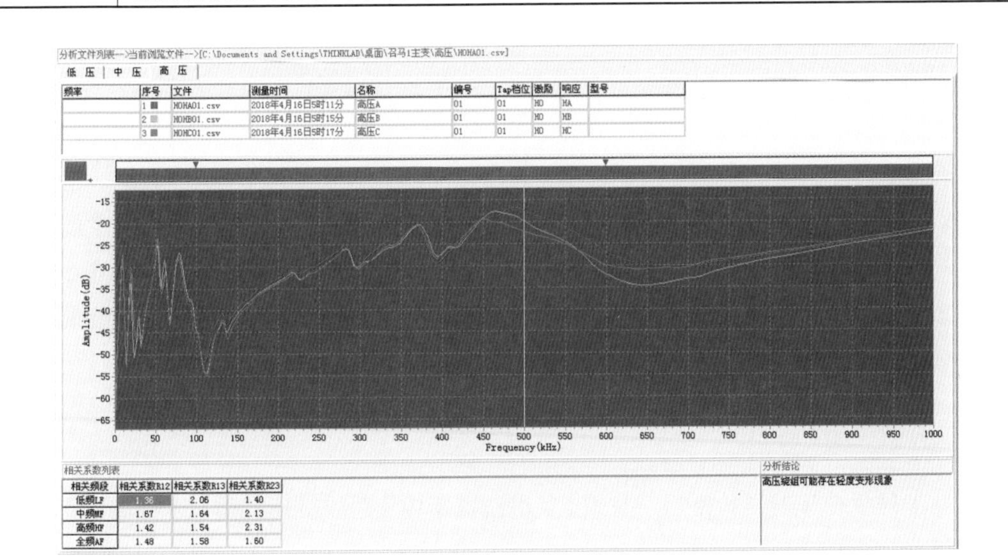

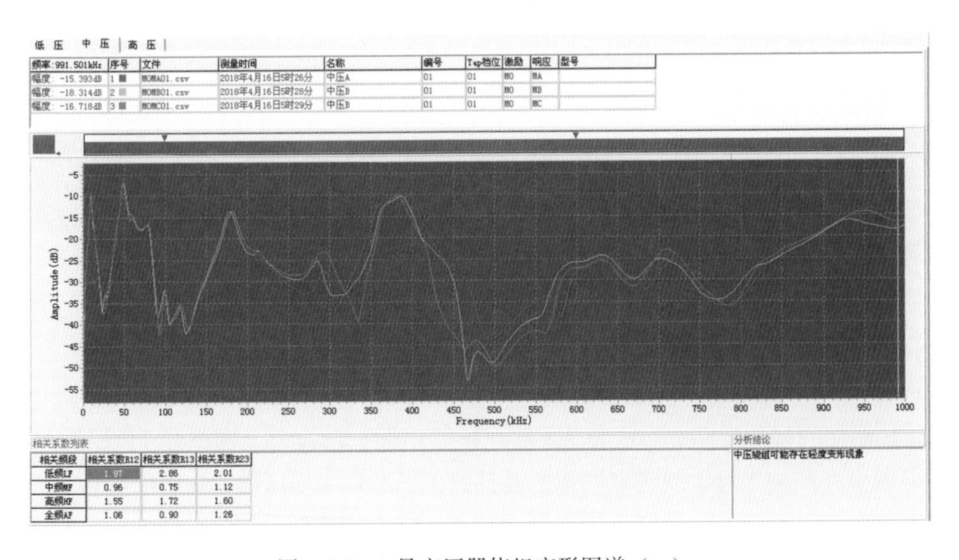

图 4-2-2　1 号变压器绕组变形图谱（一）

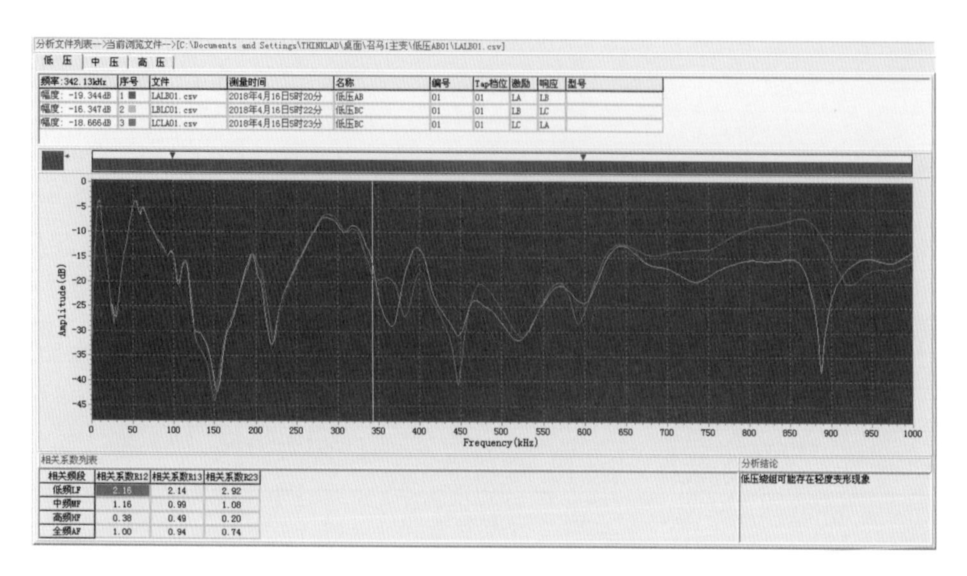

图 4-2-2　1 号变压器绕组变形图谱（二）

3.4　缺陷分析

10kV 电抗器室内母线桥未加装绝缘护套，异物造成短路是造成本次跳闸的主要原因。

013 断路器母线排向限流电抗器拐弯处 BC 相母线排处有明显短路烧蚀痕迹，成放射状，有多个烧蚀点。根据设备短路情况、烧蚀部位和形状分析，初步判断有异物爬至短路处 BC 相母线排之间，造成 BC 相母排发生短路放电。

4　采取的措施

该站 1 号主变压器转检修后，对 10kV 电抗器室内 1 号主变压器的 013 断路器母线排及限流电抗器母线排全部加装绝缘护套。

案例 4-3

110kV 变电站低压母线桥AB相间短路引发1号变压器跳闸

1　情况说明

1.1　缺陷过程描述

2018 年 4 月 6 日 11 时 59 分 58 秒 369 毫秒，某 110kV 变电站 1 号主变压器低压侧母线桥处 A、B 相相间接地故障，1 号主变压器保护差动保护动作，分别跳开 111、311、011 断路器。现场检查该站 1 号主变压器三侧断路器跳闸；1 号主变压器 10kV 母线桥 A、B 相距穿墙套管处第一、二基支瓶间的接头和 A 相距穿墙套管处第二基支瓶顶部三处均有明显短路烧蚀痕迹，母线排热缩套有碳黑。

1.2 缺陷设备基本信息

主变压器设备基本信息：

设备型号：SFSZL7-31500/110。

设备编号：925L07-1。

生产厂家：河北保定变压器厂。

出厂时间：1992 年 6 月。

投运时间：1992 年 8 月。

2 检查情况

2.1 缺陷/异常发生前的工况

故障前该站由姚临线 186 断路器和母联 101 断路器带 1、2 号母线运行，分别将 111、112 断路器带 1、2 号主变压器运行，中、低压侧并列运行。

该站为无人值班站，主变压器跳闸当天无计划性检修、巡视工作。2013 年 6 月对该主变压器进行停电试验，结果正常，对 10kV 母线桥进行热缩套更换。

3 原因分析

3.1 保护动作情况

2018 年 4 月 6 日 11 时 59 分 58 秒 369 毫秒，110kV 该站 1 号主变压器低压侧母线桥处 A、B 相相间接地故障，1 号主变压器保护差动保护动作，分别跳开 111、311、011 断路器。

保护动作及故障切除时间：

在本次故障过程中，1 号主变压器 1、2 微机保护正确动作，故障发生后，保护最快 13ms 动作。表 4-3-1 为保护动作报告，图 4-3-1 为故障信息及波形图。

表 4-3-1 保护动作报告

1 号主变压器保护	
PST1202C（1 微机）	PST1202C（2 微机）
2018 年 4 月 6 日 11 时 59 分 58 秒 369 毫秒	2018 年 4 月 6 日 11 时 59 分 58 秒 367 毫秒
000000ms 差动保护启动	000000ms 差动保护启动
000000ms 后备保护启动	000002ms 后备保护启动
000013ms 差速保护出口　故障电流 13.811A	000013ms 差速保护出口　故障电流 13.447A
000040ms 后备保护启动	000040ms 后备保护启动
000101ms 后备保护启动	000102ms 后备保护启动

3.2 现场检查情况

（1）1 号主变压器 10kV 母线桥 A、B 相距穿墙套管处第一、二基支瓶间的接头处有明显放电烧蚀痕迹，见图 4-3-2。

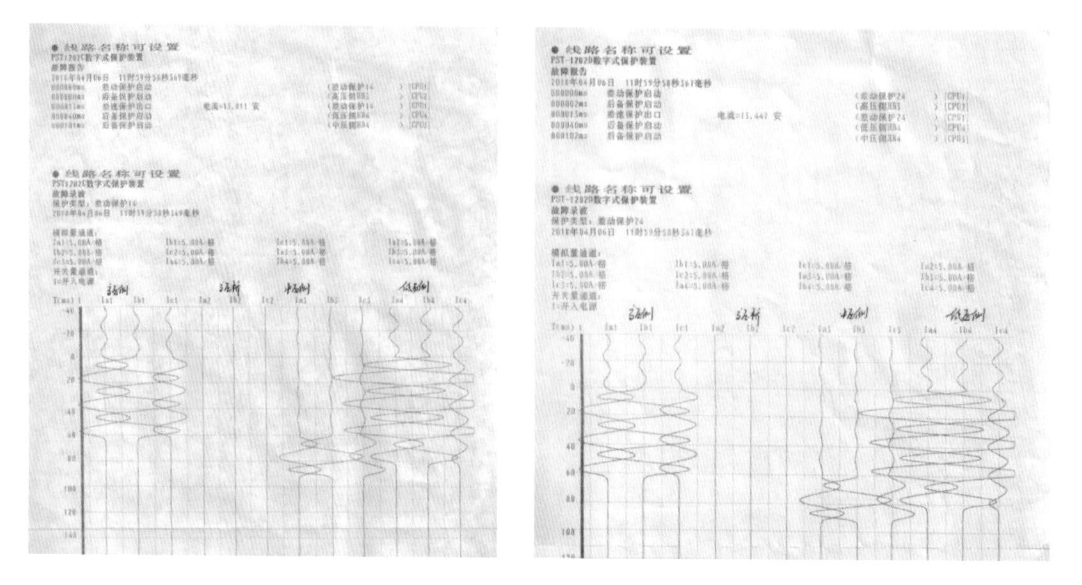

图 4-3-1　110kV1 号主变压器 1、2 微机 A、B 相相间接地故障信息及波形图

图 4-3-2　支瓶间接头处的放电烧蚀痕迹

（2）母线排热缩套完整，A 相距穿墙套管处第二基支瓶顶部有烧蚀痕迹，支瓶顶部有碳黑，见图 4-3-3。

图 4-3-3　支瓶顶部的烧蚀痕迹

（3）支瓶顶部有碳黑，无贯穿的放电通道和爬电痕迹。在上部第一片伞裙上有细微划痕，在支瓶的侧面有轻微擦拭痕迹，见图 4-3-4。

（4）当时大风天气，天空有异物漂浮物较多，见图 4-3-5。

图 4-3-4　伞裙上有细微划痕

图 4-3-5　天空异物漂浮物

3.3 电气试验数据及分析

主变压器本体油色谱试验数据见表 4-3-2，电气试验报告见表 4-3-3，1 号主变压器频响图谱见图 4-3-6。

表 4-3-2　主变压器本体油色谱试验数据　μL/L

单位	××站
设备名称	1 号主变压器
取样日期	2018-4-6
分析日期	2018-4-7
型号	SFSZL7-31500/110
厂家	河北保定变压器厂
出厂日期	1992 年 6 月
编号	925L07-1
相别	本体
CH_4	19.066
C_2H_4	117.541
C_2H_6	4.831
C_2H_2	1.417
H_2	8.983
CO	1336.386
CO_2	8942.514
总烃	142.855
分析意见	含量未发现异常

表 4-3-3 电气试验报告

短路损耗试验

绕组		额定电压（kV）	短路阻抗（%）		差别（%）
			出厂值	测量值	
HV	MV	短路阻抗基于容量 31500kVA			
9b	/		9.63	9.917	2.98
HV	LV	短路阻抗基于容量 31500kVA			
9b	/		17.40	17.15	1.44
MV	LV	短路阻抗基于容量 31500kVA			
/	/		6.52	6.23	4.45
由于 35kV 分接位置在 5 分接，额定分接为 3 分接，该组试验数据差别较大					

绕组变形（频响法）试验相关系数　　仪器型号：TDT5　　编号：030307

	频	段	R1-2	R2-3	R2-3
高压侧	LF	1-100kHz	1.88	1.44	1.43
	MF	100-600kHz	2.02	2.15	2.46
	HF	600-1000kHz	1.72	1.77	2.85
	SF	0-1000kHz	2.54	2.44	2.56
中压侧	LF	1-100kHz	1.55	1.63	2.49
	MF	100-600kHz	2.04	1.81	2.39
	HF	600-1000kHz	1.19	1.04	0.91
	SF	0-1000kHz	1.57	1.52	1.45
低压侧	LF	1-100kHz	1.69	2.31	1.46
	MF	100-600kHz	1.47	1.46	1.7
	HF	600-1000kHz	0.62	0.62	1.51
	SF	0-1000kHz	1.2	1.19	1.67
标准	绕组变形程度		低频段 RLF	中频段 RMF	高频段 RHF
	严重变形（不能投运）		RLF<0.6		
	明显变形（安排检修）		1.0>RLF>0.6	RMF<0.6	
	轻度变形（加强监视）		2.0>RLF>1.0	0.6<RMF<1.0	RHF<0.6
	正常绕组		RLF>2.0	RMF>1.0	RHF>0.6
备注	以上标准为仪器厂家标准，作为三相横向比较时，可供参考				

套管联同绕组的直流电阻（mΩ）　　仪器型号：SM333　　编号：433207

变压器上层油温度（℃）				17			
	高压侧						
	测量值			换算值（75℃）			不平衡率（%）不大于 2%
	AO	BO	CO	AO	BO	CO	
1	737.7	741.2	744.1,	907.5	911.8	915.4	0.87
2	726.3	729.6	732.4	893.5	897.5	901.0	0.84
3	714	717.6	720.4	878.3	882.8	886.2	0.90
4	702.5	706	708.6	864.2	868.5	871.7	0.87

续表

变压器上层油温度（℃）				17			
	高压侧						
	测量值			换算值（75℃）			不平衡率（%）不大于2%
	AO	BO	CO	AO	BO	CO	
5	690.5	694	696.8	849.4	853.7	857.2	0.91
6	679.5	682.5	685	835.9	839.6	842.7	0.81
7	666.6	670.7	673.3	820.0	825.1	828.3	1.01
8	655.1	658.8	661.3	805.9	810.4	813.5	0.95
9	641.7	646.3	647.4	789.4	795.1	796.4	0.89
10	641.8	645.3	646.3	846.6	851.2	852.6	0.70
11	644.4	653.3	649.1	850.1	861.8	856.3	1.38
12	662.5	661.8	663.5	873.9	873.0	875.3	0.26
中压侧							
	测量值			换算值（75℃）			不平衡率（%）不大于2%
	AmOm	BmOm	CmOm	AmOm	BmOm	CmOm	
1							
2							
3							
4							
5	75.2	74.8	75.46	92.51	92.02	92.83	0.88

低压侧							
测量值			换算值（75℃）			不平衡率（%）	
ab	bc	ca	ax	by	cz	1.49	不大于2%
7.97	7.993	8.029	14.87	14.66	14.74		
ax	by	cz	ax	by	cz		不大于2%
标准	1.6MVA以上变压器，各绕组相间差别不大于2%；无中性点引出绕组，线间差别不大于1%。与以前相同部位测得值比较，其变化不大于±2%						

绕组连同套管的介质损耗试验　　　　仪器型号：AI—6000　　　　编号：AI0816A

变压器上层油温度（℃）	17	$\tan\delta$%		C_x(pF)		
		实测值	换算值	实测值	初始值	△C%
低压—高压、中压及地		0.21	0.227	16780	16660	0.72
中压—高压、低压及地		0.2	0.338	20440	20300	0.69
高压—中压、低压及地		0.2	0.338	13840	13790	0.36
高压、中压—低压及地		0.26	0.439	14660		
高压、中压及低压—地		0.24	0.406	13710		
标准		不大于0.8%		与出厂或上次试验数据差别不大于±3%		

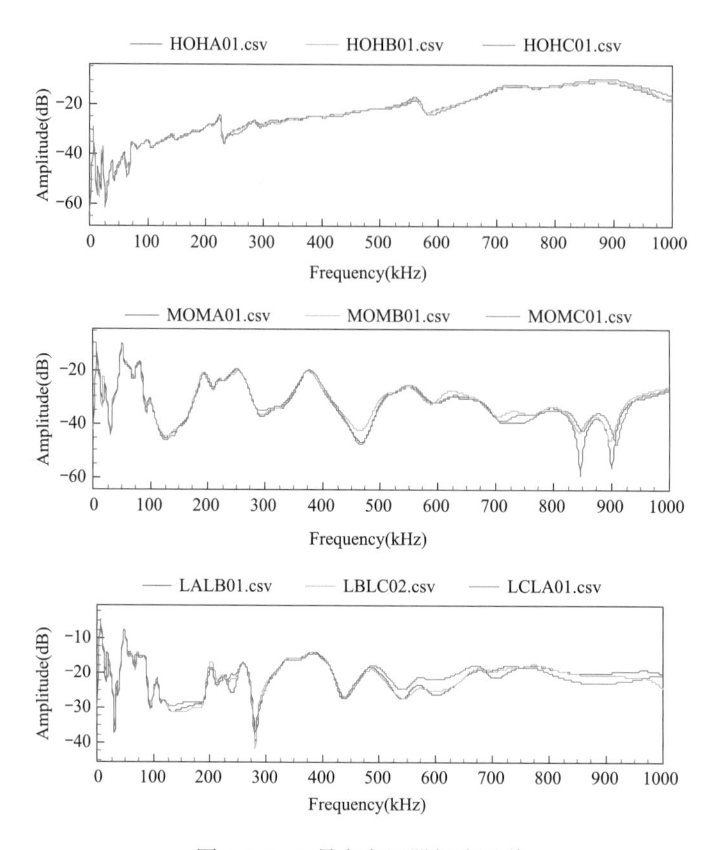

图 4-3-6　1 号主变压器频响图谱

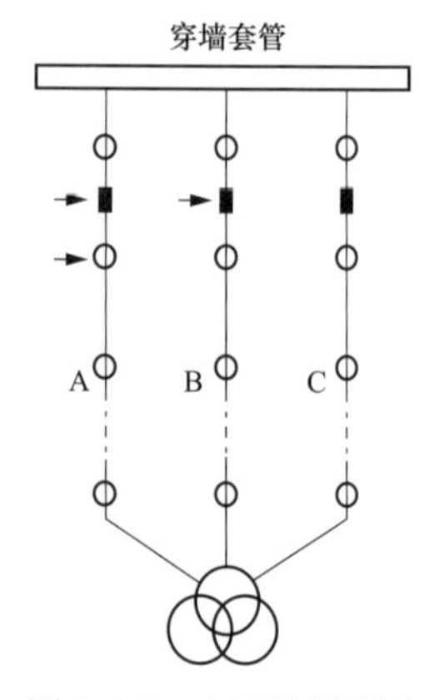

图 4-3-7　电弧烧蚀部位

3.4 缺陷分析

现场检查，母线桥热缩套无破损，母线桥上及设备周边无异物，放电的 A、B 相母线接头处均使用绝缘扣盒，扣盒内有大量积碳。根据设备短路情况、烧蚀部位和严重程度分析，初步判断：当时大风天气，怀疑有异物漂浮至 A 相第二基支瓶处，由 A 相第二基支瓶顶部对 B 相母线桥接头处放电（B 相接头处使用绝缘扣盒，因有缝隙较整体热缩的绝缘性能弱），后迅速发展为 A、B 两相的接头放电（A、B 两相的接头相对支瓶距离较近，A 相接头处使用绝缘扣盒）。图 4-3-7 中箭头所指为电弧烧蚀部位。

4　采取的措施

110kV 该站 1 号主变压器转检修后，更换 10kV 母线桥热缩套，经电气试验、油化试验、保护装置及回路检查均无异常后，恢复正常运行方式，严格按照主变压器停电周期进行设备维护，利用每次停电机会检查、更换热缩套，尽量缩短热缩套的更换周期。

案例 4-4

220kV 变电站开关柜穿柜套管故障引发1号变压器跳闸

1 情况说明

1.1 缺陷过程描述

2017 年 11 月 5 日 20 时 45 分 48 秒 284 毫秒，35kV 苑西线 353 断路器过流 Ⅰ 段、距离 Ⅰ 段保护动作，电流值 12000A，123ms 后 35kV Ⅰ 母线差动保护动作，220ms 后 1 号主变压器差动保护、本体重瓦斯保护动作、主变压器三侧断路器跳闸。现场检查发现 35kV 配电室内某线 353 开关柜柜顶穿柜套管存在发热及电弧灼烧痕迹，C 相套管连接铝排断裂，353 开关柜敞开布置在柜顶的母线接头螺母存在明显放电痕迹。随即开展 1 号主变压器诊断性试验，油色谱分析乙炔超标、低压侧直流电阻三相横比偏差超标、频响法绕组变形测试中压侧及低压侧三相曲线重合度较差、短路阻抗高对中测试值横比、纵比均超标，中对低测试值横比超标，判定变压器为严重状态，将该主变压器退出运行、返厂检修。

1.2 缺陷设备基本信息

（1）353 开关柜：

型号：GBC-40.5（F）-6。

生产厂家：山东泰开电气有限公司。

出厂日期：2005 年 4 月。

投运日期：2008 年 1 月 7 日。

（2）1 号主变压器：

型号：SFSZ10-120000/220。

生产厂家：保定天威保变电气股份有限公司。

出厂日期：2005 年 3 月。

投运日期：2005 年 4 月 15 日。

2 检查情况

2.1 缺陷/异常发生前的工况

该站 1 号主变压器最近一次例行试验日期是 2013 年 11 月 7 日，试验项目包括直流电阻、绝缘电阻、介质损耗及电容量、短路阻抗、频率响应试验、套管试验及有载分接开关测试等试验项目，试验结果均符合规程要求。最近一次带电测试时间为 2017 年 10 月，检测设备正常，没有明显的变化趋势；该站有 220kV、110kV、35kV 三个电压等级，三台 220kV 主变压器（3×120MVA）高压、中压侧并列运行，低压侧分列。

2.2 现场检查情况

现场检查发现，1 号主变压器外观无异常，本体气体继电器内有气体。35kV 配电室内苑西线353开关柜柜顶穿柜套管存在发热及电弧灼烧痕迹，C相套管连接铝排烧断，353开关柜敞开布置在柜顶的母线接头处护套盒移位脱落，连接螺母存在明显放电痕迹，现场情况见图4-4-1～图4-4-4。

图4-4-1　1号变压器

图4-4-2　353开关柜柜顶布局

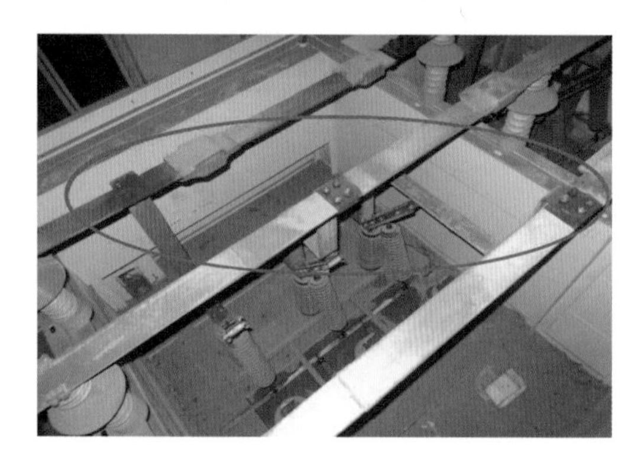

图4-4-3　母线放电部位

图4-4-4　C相母线放电部位

2.3　试验检查情况

主变压器跳闸后，立即组织人员对1号主变压器进行了全项目诊断试验，包括绝缘油色谱分析、直流电阻、绕组变形、绕组电容量、低电压短路阻抗等。其中绝缘油色谱分析数据表明乙炔含量9.052uL/L达到注意值5μL/L的1.81倍（Q/GDW 1168—2013《输变电设备状态检修试验规程》）。

直流电阻项目中，对比此台变压器2013年例行试验数据与出厂试验数据，经换算本次低压侧绕组直流电阻试验数据值为：R_a：0.05662Ω、R_b：0.066978Ω、R_c：0.068129Ω。经计算，三相相间直流电阻差值16.2%，A相直流电阻明显小于其他两相；三相线间直流电阻差值为9.46%，远超1%警示值［Q/GDW 1168—2013《输变电设备状态检修试验规程》规定：1.6MVA以上变压器，……，无中性点引出的绕组，线间差别不大于三相平均值的1%（警示值）］。

根据以上数据及规程要求，判断为低压绕组A相可能存在匝间短路。

电容量试验项目部分数据见表4-1-1。

表 4-4-1　　电容量试验数据与出厂值对比

测试部位	出厂值（pF）	本次测试值（pF）	偏差（%）
低压—铁芯	15630	15970	2.18
中压—低压	9240	9110	−1.41

据此数据：低压—铁芯间电容量偏差较大，为 2.18%，其次为中压—低压间，为 −1.41%，其他测试部位数据基本正常。初步判断为低压绕组与铁芯间距减小，而与中压绕组间距变大。

频响法绕组变形测试结果显示中压侧及低压侧三相曲线重合度较差；短路阻抗高对中测试值横比、纵比均超标，中对低测试值横比超标，其他试验数据均正常。

综合以上试验报告得出结论是：1 号主变压器低压绕组变形试验及油色谱试验结果不合格。

2.4　继电保护动作情况

2017 年 11 月 5 日 20 时 45 分 48 秒，220kV 该站 353 苑西线开关柜穿柜套管处发生 BC 相短路，353 苑西线保护距离 I 段、过流 I 段保护动作，电流值 12000A。约 100ms 后 353 断路器跳开，故障持续期间引起 35kV Ⅰ母线三相短路，121ms 后，35kV 母差保护动作；约 190ms 后跳开 35kV Ⅰ母线所有断路器；220ms 后，1 号主变压器保护差动保护、本体重瓦斯保护动作，约 280ms 后跳开三侧断路器（1 号主变压器 1WJ、2WJ 差动动作后约 600ms，1 号主变压器发非电量保护动作信号，211 电流值 250A，111 电流值 800A，311 电流值 0A）。

2.5　变压器检修情况及分析

变压器在承受低压侧短路冲击后，内部绕组发生变形，并有电弧放电产生乙炔。变比和直流电阻试验数据超标，反映出低压侧绕组或引线处可能有烧损，同时短路阻抗和频率响应均反映绕组也存在变形可能，认定变压器状态为严重状态，需进行返厂维修。

2.6　吊罩检查情况

（1）主变压器铁芯完好，高中压侧绕组、调压绕组、低压 c 相绕组完好。

（2）a 相低压绕组拔出时由于整体变形，剪断后拔出，绕组导线多处绝缘破损。外径侧有 2 处较严重处导线漆膜落、导线部分烧融；内纸筒外径侧有多处碳黑痕迹，其中 5 处较明显，对应绕组内径侧有导线绝缘损伤，导线变形。

（3）b 相低压绕组外径侧中部圆周范围内共有 11 处导线损坏，其中 5 处比较严重，导线烧损，其余 6 处较轻微，故障导线外绝缘破损，内纸筒外径侧有 5 处碳黑痕迹，与绕组内径侧导线烧损处相对应。

同时，解体过程中检查发现低压绕组换位导线局部粘接不牢、换位处牛角垫块有明显松动。具体照片见图 4-4-5～图 4-4-12。

图 4-4-5　低压 A 相绕组外径侧

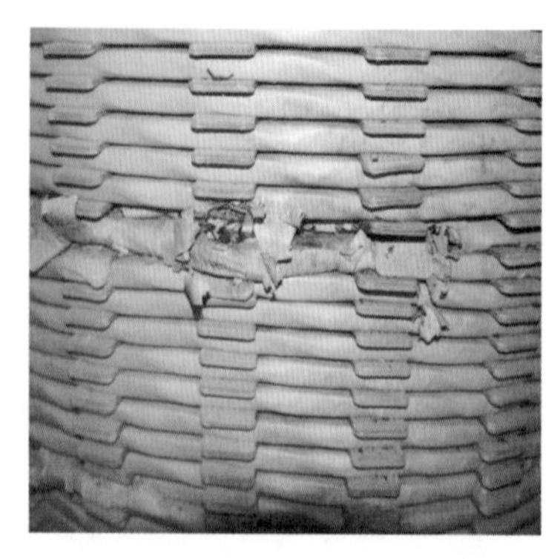

图 4-4-6　低压 A 相绕组内径侧

图 4-4-7　低压 B 相线圈绕组换位处烧损

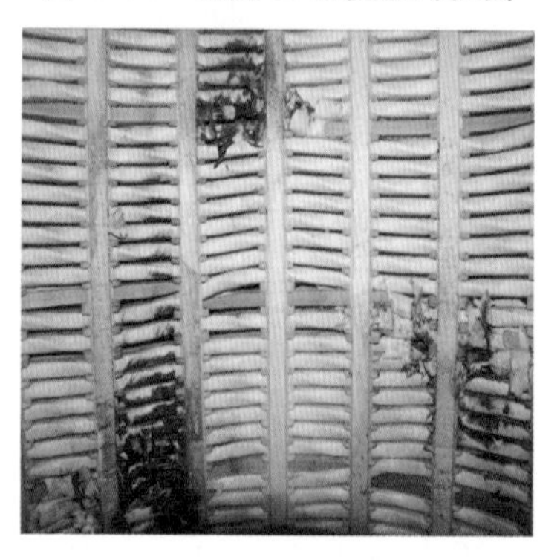

图 4-4-8　低压 B 相绕组内侧碳黑

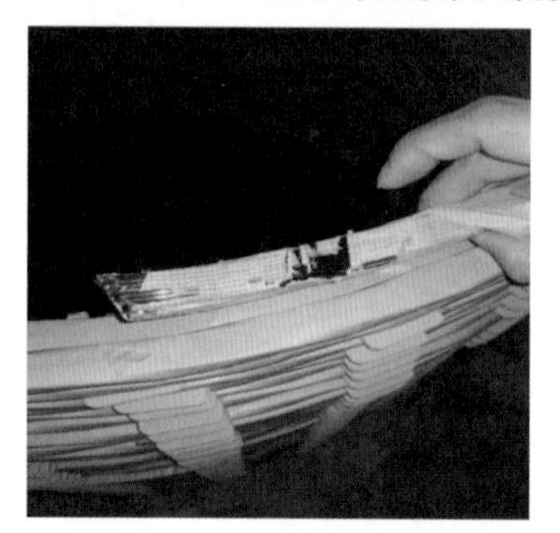

图 4-4-9　粘接良好的导线

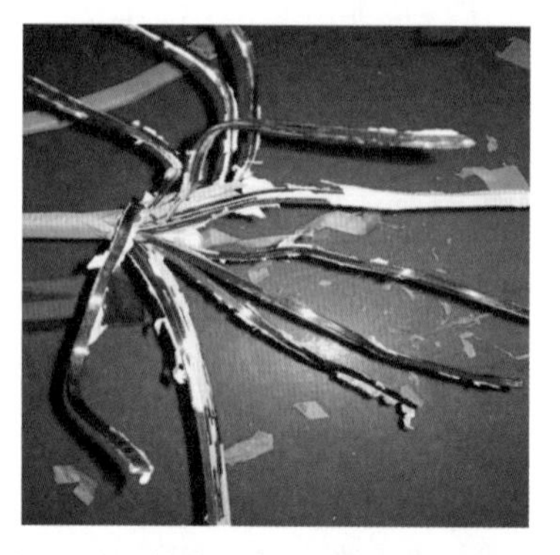

图 4-4-10　粘接不牢、可撕开的局部导线

图 4-4-11　牛角垫片处出现松动

图 4-4-12　牛角垫片存在位移

2.7　缺陷分析

35kV 1号母线发生短路后主变压器低压侧近区遭受短路冲击，综合主变压器厂内解体分析，该主变压器低压绕组一是自粘换位导线粘合强度偏低，且导线质量存在分散性、局部粘接不牢，遭受短路冲击后在多个换位处发生散股、匝间短路；二是换位处牛角垫块无有效固定措施，遭受短路冲击后普遍松动，造成绕组整体强度下降。

这两项质量缺陷造成其实际抗短路能力不足，无法有效承受正常情况下短路冲击。在其低压侧仅承受190ms短路后，主变压器低压绕组匝间短路，并由高、中压侧持续提供短路电流，造成主变压器内部故障，220ms后主变压器差动保护动作，跳开三侧断路器，非电量保护相继动作。

3　采取的措施

监督厂家对变压器返修过程中采用优质自粘换位导线，在改造技术协议中明确要求低压绕组内衬硬纸筒、增加外撑条和绑扎带、缩短换位间隔、牛角垫块通过外撑条固定等措施，要求生产厂家切实落实工艺要求，全面提高绕组整体抗短路能力。

案例4-5

220kV变电站小动物引起2号变压器跳闸

1　情况说明

1.1　缺陷过程描述

2014年2月8日23时41分44秒，某220kV变电站2号主变压器保护Ⅰ、Ⅱ差动保护动作，跳开212、112、512断路器。检修人员到现场后发现2号主变压器低压侧本体套管A相附近有一只黄鼠狼尸体，毛已基本烧焦；低压侧A、B、C相绝缘护套盒开裂歪斜，三相套管顶部接线端子及固定螺栓尖端有放电痕迹。判断为黄鼠狼引起三相短路。2月9日2时50分开始对主变压器及三侧断路器进行检查试验，10时50分检查试验完毕，主变压器绝缘电阻、低压侧直流电阻、低电压短路阻抗、电容量、绕组频响等试验项目无异常，主变压器未发生线圈变形及绝缘故障。11时15分2号主变压器充电完成。因所带110kV站均为内桥接线，均自投成功，未损失负荷；10kV母线停电，损失负荷3000kW，均为2号主变压器低压侧农业负荷。

1.2　缺陷设备基本信息

主变压器设备基本信息：

主变压器型号：SFSZ10-180000/220。

生产厂家：特变电工衡阳变压器有限公司。

出厂日期：2009年12月1日。

投运日期：2010年11月16日。

额定容量比：180000/180000/90000kVA。

额定电压比：230±8×1.25%/121/11kV。

额定电流比：451.8/858.9/4723.8A。

2 检查情况

2.1 缺陷/异常发生前的工况

该站于2010年11月16日投运，运行的为单台2号变压器，220kV及110kV部分均为户外地面GIS双母线布置，低压侧为10kV电压等级，户内布置，常规阻抗变压器+限抗型式，2号主变压器所带负荷57MVA。其中10kV所带负荷3000kW。2013年5月8日该站停电例行试验，按照例行试验项目对2号主变压器进行了全部试验，根据Q/GDW 1168—2013《输变电设备状态检修试验规程》要求，所有试验数据合格。

2.2 现场检查情况

现场检查发现，2号主变压器低压侧A相套管西南角附近主变压器本体上有一只死去的黄鼠狼，毛皮已经全部烧焦，主变压器低压侧套管接头绝缘护套盒三相全部崩开，套管接线板处及固定螺栓存在明显放电痕迹，见图4-5-1和图4-5-2。

图4-5-1 主变压器上部低压侧套管处小动物尸体

图4-5-2 主变压器低压侧套管接线板绝缘护套崩开

2.3 试验数据

现场对主变压器进行了频响（见附件）、低电压短路阻抗、电容量、绝缘电阻、低压侧直流电阻测试，与2013年5月8日例行试验数据对比未发现异常，具体数据见表4-5-1和表4-5-2。

表4-5-1　变压器短路阻抗试验报告

变压器短路阻抗试验报告								
运行地点	220kV变电站		运行编号	2号主变压器		出厂编号	9840591	
设备型号	SFSZ10-180000/220		试验人员			试验日期	2010.7.14	
相别		A	B	C	合相值	铭牌值	纵比误差	横比误差
高压对中压	1	12.62	12.711	12.695	12.675	12.689	0.111	0.724
	9	11.948	12.04	12.028	12.005	11.96	0.38	0.767
	17	11.888	11.977	11.962	11.942	11.949	0.058	0.745

续表

相别		A	B	C	合相值	铭牌值	纵比误差	横比误差
高压对低压	1	22.22	21.88	22.123	22.074	21.95	0.568	1.554
	9	21.496	21.164	21.408	21.356	21.229	0.595	1.57
	17	21.367	21.054	21.282	21.234	21.12	0.544	1.486
中压对低压		7.5236	7.1966	7.3081	7.3427	7.3	0.586	4.543
诊断判语	属正常，误差均未超过注意值（2%，纵比误差），综合考虑投运以来无穿越性故障，认定无绕组变形							
运行地点	220kV 豆庄站		运行编号	2 号主变压器		出厂编号	9840591	
设备型号	SFSZ10-180000/220		试验人员			试验日期	2014.2.9	
相别		A	B	C	合相值	铭牌值	纵比误差	横比误差
高压对中压	1	12.621	12.711	12.692	12.68	12.689	0.071	0.718
	9	11.96	12.05	12.036	12.01	11.96	0.418	0.744
	17	11.89	11.979	11.959	11.95	11.949	0.083	0.742
高压对低压	1	21.859	22.038	22.261	22.05	21.95	0.456	1.853
	9	21.124	21.319	21.542	21.34	21.229	0.536	1.99
	17	21.01	21.206	21.42	21.22	21.12	0.474	1.957
中压对低		7.226	7.3112	7.4393	7.331	7.3	0.425	2.967
诊断判语	属正常，误差均未超过注意值（2%，纵比误差），横比误差仅作参考，且和上次试验相比误差未增加，可认定无绕组变形							

表 4-5-2　　变压器试验记录

变压器试验记录（2013 年 5 月 8 日）											
试验时间		2013.5.8		试验性质		例行	温度（℃）	23		湿度（%）	54
试验人员						油温	35℃				
主变压器直流电阻（mΩ）											
中压侧直流电阻	序号	Am-O	Bm-O	Cm-O	误差（%）	低压侧直流电阻	ab	bc	ca	误差（%）	
	1						2.15	2.142	2.152	0.47	
	2										
	3										
	4										
	5					试验仪器			3384 变压器直流电阻仪		
	R15	R60	K	R3′	R5′	R10′	P	tanδ（%）	电容量（pF）	初值	误差（%）
高压								0.227	16660	16550	0.66
中压								0.4	24420	24230	0.78
低压	18GΩ	30GΩ	1.67					0.409	34300	33940	1.06
试验仪器	AI6000K										
结论	介质损耗及电容量、直流电阻、绝缘电阻均属正常										

续表

变压器试验记录（2014年2月9日故障后）											
试验时间	2014.2.9		试验性质		诊断	温度（℃）	−5			湿度（%）	30
试验人员					油温	7℃					
主变压器直流电阻（mΩ）											
中压侧直流电阻	序号	Am-O	Bm-O	Cm-O	误差（%）	低压侧直流电阻	ab	bc	ca	误差（%）	
	1						1.945	1.943	1.947	0.2	
	2										
	3										
	4										
	5					试验仪器	3384变压器直流电阻仪				
	R15	R60	K	R3′	R5′	R10′	P	tanδ（%）	电容量（pF）	初值	误差%
高压								0.292	16670	16550	0.73
中压								0.322	24310	24230	0.33
低压	80GΩ	180GΩ	2.25					0.349	34330	33940	1.15
试验仪器	AI6000K										
结论	介质损耗及电容量、直流电阻、绝缘电阻均属正常。本次诊断试验主要针对低压侧短路，重点对低压侧绕组相关参数进行测量，其中介质损耗、直流电阻、绝缘电阻均属正常，电容量误差为1.15%，未超过误差注意值（3%），属正常范围										

该主变压器上一周期色谱分析时间为2013年12月6日，数据正常，短路故障后色谱数据无异常，具体数据见表4-5-3。

表4-5-3　　2号主变压器油色谱分析结果

取样日期	H_2	CO	CO_2	CH_4	C_2H_4	C_2H_6	C_2H_2
2013-12-06	10.26	286.42	1021.45	3.68	0.95	0.68	0
2014-02-09	6.12	294.37	958.42	3.95	0.76	0.54	0

3 原因分析

（1）黄鼠狼爬上主变压器低压侧套管引发短路是造成此次事故的直接原因。主变压器低压侧裸露部分已经全部塑封，当夜雪后温度较低（达−10℃），黄鼠狼爬到变压器顶部取暖，在套管顶部活动，由一相到另一相时，将护套盒蹬开，护套盒部分下滑，引起AB相短路，继而引发三相短路。相关照片见图4-5-3和图4-5-4。

（2）变电站大门关闭后，门与门垛重叠处有一定间隙是造成黄鼠狼进入变电站的原因。该变电站大门为电动大门，全封闭结构，底部与地面间存在约15cm的空隙，为防止小动物进入，安装了护网，但为了避开底部滑轮，护网安装位置后移，且两端未做处理，造成护网端部与墙体间缝隙加大，见图4-5-5和图4-5-6。

图 4-5-3　黄鼠狼长度较长

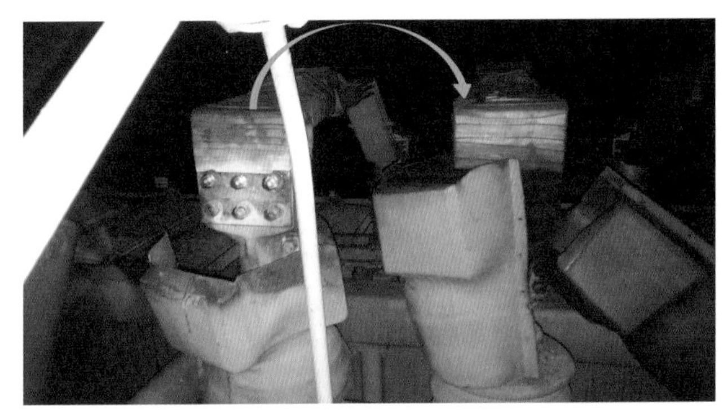

图 4-5-4　黄鼠狼相间活动示意

图 4-5-5　大门间隙 1

图 4-5-6　大门间隙 2

4　采取的措施

变电检修室对所有变电站热缩护套进行全面排查，2 月 20 日前完成。重点排查主变压器套管、穿墙套管、软连接、地线挂接点处，对重叠长度不够、安装不牢固、缝隙较大的安排停电进行整改。对 220kV 站 110kV 母线并列运行的变电站优先进行排查治理。

整改原则：

（1）护套盒缝隙大于 0.5cm 的，要进行更换。

（2）护套盒两端重叠部分小于 5cm 的要对端部进行缠绕和固定，热缩带尾端不能直接粘接，要经自身叠压后再粘牢。

（3）护套盒扣子有缺失的要进行补充，并对原有扣子进行更换。

（4）对于水平布置，底部可能存水的护套盒，底部要打放水孔。

（5）对于缠绕式热缩带松脱的情况，应重新施工，确保缠绕、粘接紧密。

（6）发现有受热已经变形的，应进行更换。

（7）护套盒扣子间距大于 6cm 的应打孔加密扣子，护套盒端部扣子距离边缘大于 2cm 的也应做加密处理。

（8）结合例行检修试验对护套盒扣子的老化情况进行检查，有脆化的需全部更换。

（9）对于现场设备接线处特殊结构，无法用护套盒进行密封的采用热缩带进行全部缠绕，热缩带尾端不能直接粘接，要经自身叠压后再粘牢，保证金属部位不外漏。

（10）结合主变压器设备任何停电机会，检修室均安排人员对主变压器中低压侧绝缘护套进行检查和修复。

变电运维室对变电站大门、围墙、排水孔等可能造成小动物进入的部位进行全面排查梳理，重点排查变电站大门缝隙是否大于 2cm，围墙外部是否有方便小动物爬入的杂物，排水孔有无护网或护网间隙是否大于 2cm 等，不满足要求的立即整改，不能立即整改的制定整改计划，2 月 28 日前全部整改完成。

案例 4-6

110kV 变电站小动物引起2号变压器跳闸

1　情况说明

1.1　缺陷过程描述

2014 年 3 月 13 日 4 时 27 分 18 秒，某 110kV 变电站 2 号主变压器中压侧本体套管处小动物造成 AB 相相间短路，2 号主变压器保护Ⅰ、Ⅱ差动保护正确动作，跳开 102、302 开关（502 开关事故前在分位）。检修人员到现场后发现 2 号主变压器中压侧（35kV）引线 0 号 AB 相支瓶（主变压器出线第一个支瓶，在主变压器片散上部）存在放电痕迹，支瓶放电点处支瓶导线压板部分烧损、一次导线断股，同时变压器下方有一只黄鼠狼尸体，尸体前爪及尾部存在明显放电痕迹。判断为黄鼠狼引起相间短路。3 月 13 日 8 时 55 分 2 号主变压器及三侧断路器转检修具备检查试验条件，对主变压器及三侧断路器进行检查试验，16 时 50 分检查试验完毕，且更换主变压器中压侧 A、B 引线，对主变压器中低压侧引线进行重新绝缘处理。主变压器绝缘电阻、高中低压侧直流电阻、短路阻抗、电容量等试验项目无异常，主变压器未发生绕组变形及绝缘故障。17 时 51 分 2 号主变压器恢复送电。

因该站 1、2 号主变压器并列运行，此次故障负荷损失为零。

1.2　缺陷设备基本信息

主变压器设备基本信息：

主变压器型号：SFSZ9-31500/110。

生产厂家：保定天威保变电气股份有限公司。

出厂日期：2000 年 4 月 1 日。

投运日期：2000 年 6 月 24 日。

额定容量比：31500/31500/31500kVA。

额定电压比：110±8×1.25%/38.5±2×2.5%/10.5kV。

额定电流比：165/472/1732A。

产品代号：1BB.715.265.2。

2 检查情况

该站 110kV 111、112 断路器运行，113、114 断路器热备用。35kV 4、5 号母线并列运行。10kV 1 号主变压器带全部 4、5 号母线负荷，545 断路器运行，502 断路器热备用。

2010 年 3 月 19 日该站停电例行试验，按照例行试验项目对 2 号主变压器进行了全部试验，根据 Q/GDW 1168—2013《输变电设备状态检修试验规程》要求，试验数据未超出警示值或注意值要求且与上次试验无明显变化。同时按照公司要求及标准对主变压器中压侧引线进行绝缘化改造。

3 原因分析

2014 年 3 月 13 日 4 时 27 分 17 秒，该站 2 号主变压器中压侧本体套管处小动物造成 B 相接地，此时 A、C 两相电压升高为线电压，小动物的首尾继而导致中压侧 AB 两相短路故障，18 秒时 2 号主变压器保护Ⅰ、Ⅱ差动保护正确动作，跳开 102、302 断路器（502 断路器事故前在分位）。故障点 2 号主变压器中压侧电流有效值为 5300A，持续约 95ms。现场检查发现 2 号主变压器中压侧（35kV）引线 0 号 AB 相支瓶（主变压器出线第一个支瓶，在主变压器片散上部）存在放电痕迹，支瓶放电点处支瓶顶部导线压板及螺栓部分烧损、一次导线外绝缘热缩带破损且导线存在部分断股，同时变压器下方有一只黄鼠狼尸体（尸体长度为 71cm），尸体前爪及尾部存在明显放电痕迹（见图 4-6-1～图 4-6-5）。判断为黄鼠狼引起相间短路。

图 4-6-1 主变压器 C 相 0 号支瓶放电点

图 4-6-2 主变压器 A 相 0 号支瓶放电点

图 4-6-3　主变压器 A 相引线损坏情况

图 4-6-4　主变压器 B 相引线损坏情况

图 4-6-5　黄鼠狼尸体

3.1　油色谱、试验数据

现场对 2 号主变压器进行了高中低压侧电容量、绝缘电阻、直流电阻测试、短路阻抗等试验，数据与 2010 年 3 月 19 日例行试验数据对比未发现异常，具体数据如表 4-6-1～表 4-6-3 所示。

表 4-6-1　　主变压器试验记录 1

变压器试验记录（2010 年 3 月 19 日）							
变压器本体铭牌							
变电站	110kV 变电站	运行编号	2 号主变压器				
厂家	天威保变	型号	SFSZ9-31500/110	序号	2005s12		
组别	YNyn0d11	容量	31500/31500/31500	电压比	110/38.5/10.5		
电压	110/38.5/10.5kV	电流	165/472/1732	出厂日期	2000		
阻抗电压		空载电流	0.53%	空载损耗	33.5kV		
试验时间	2010.3.19	试验性质	例行	温度℃	6	湿度%	90
试验人员		油温	24℃				

续表

主变压器直流电阻（mΩ）										
	序号	A-O	B-O	C-O	误差（%）	序号	A-O	B-O	C-O	误差（%）
高压侧直流电阻	1	864.4	866.3	864.9	0.21	11				
	2	851.5	853.7	852	0.29	12				
	3	839.2	841.1	839.4	0.22	13				
	4	826.4	828.5	826.8	0.25	14				
	5	813.8	815.6	814.1	0.22	15				
	6	801.1	803.1	801.5	0.24	16				
	7	788.4	790.2	788.7	0.22	17	864.7	866.1	865.1	0.16
	8	775.9	777.7	776.2	0.23	18				
	9	762.2	763.3	761.1	0.28	19				
	10	775.9	777.6	776.1	0.22					
中压侧直流电阻	序号	Am-O	Bm-O	Cm-O	误差（%）	低压侧直流电阻	ab	bc	ca	误差（%）
	1						9.972	9.98	10.1	0.38
	2									
	3	85.24	85.51	85.26	0.31					
	4									
	5					试验仪器		3384 变压器直流电阻仪		

	R15	R60	K	R3′	R5′	R10′	P	tanδ（%）	电容量（pF）	初值	误差（%）
高压	16.1GΩ	46.9GΩ	2.9					0.28	10260	10250	0.1
中压	11GΩ	23.1GΩ	2.09					0.355	15680	15610	0.45
低压	7.52GΩ	15.1GΩ	2.01					0.292	46280	16240	0.25
试验仪器	AI6000K										

表 4-6-2　　主变压器试验记录 2

变压器试验记录（2014 年 3 月 13 日）							
变压器本体铭牌							
变电站	110kV 变电站	运行编号	2 号主变压器				
厂家	天威保变	型号	SFSZ9-31500/110	序号	2005s12		
组　别	YNyn0d11	容量	31500/31500/31500	电压比	110/38.5/10.5		
电压	110/38.5/10.5kV	电流	165/472/1732	出厂日期	2000		
阻抗电压		空载电流	0.53%	空载损耗	33.5kV		
试验时间	2014.3.13	试验性质	诊断	温度℃	6	湿度%	20
试验人员		油温	20℃				

续表

主变压器直流电阻（mΩ）										
高压侧直流电阻	序号	A-O	B-O	C-O	误差（%）	序号	A-O	B-O	C-O	误差（%）
	1	869.5	870	869.5	0.06	11				
	2					12				
	3					13				
	4	831.4	832.1	831.6	0.08	14				
	5					15				
	6					16				
	7					17				
	8					18				
	9	766.7	767	765.4	0.21	19				
	10									
中压侧直流电阻	序号	Am-O	Bm-O	Cm-O	误差（%）	低压侧直流电阻	ab	bc	ca	误差（%）
	1						10.02	10.02	10.06	0.39
	2									
	3	85.56	85.89	85.59	0.39					
	4									
	5					试验仪器			3384 变压器直流电阻仪	

	R15	R60	K	R3′	R5′	R10′	P	tanδ（%）	电容量（pF）	初值	误差（%）
高压	69GΩ	95GΩ	1.38					0.441	10320	10250	0.68
中压	5GΩ3	64GΩ	1.21					0.262	15650	15610	0.26
低压	49GΩ	63.5GΩ	1.3					0.267	16300	16240	0.37
试验仪器	AI6000E										

表 4-6-3　　变压器短路阻抗试验报告

变压器短路阻抗试验报告								
运行地点		110kV 变电站	运行编号	2 号主变压器		出厂编号		
设备型号		SFSZ9-31500/110	试验人员			试验日期	2010.3.19	
相别		A	B	C	合相值	铭牌值	纵比误差（%）	横比误差（%）
高压对中压	1	10.522	10.636	10.441	10.533	10.399	1.286	1.865
	9	10.003	10.109	9.9318	10.014	10	0.147	1.785
	17	9.7813	9.8769	9.719	9.7924	9.77	0.229	1.624
高压对低压	1	18.184	18.169	18	18.118	18.1	0.101	1.022
	9	17.648	17.627	17.468	17.581	17.6	0.104	1.029
	17	17.384	17.37	17.213	17.323	17.299	0.133	0.989
中压对低压		6.4207	6.3168	6.3571	6.3649	6.32	0.71	1.646

续表

运行地点	110kV 变电站		运行编号	2 号主变压器		出厂编号	2005s12	
设备型号	SFSZ9-31500/110		试验人员			试验日期	2014.3.13	
相别		A	B	C	合相值	铭牌值	纵比误差（%）	横比误差（%）
高压对中压	1				10.53	10.399	1.262	1.011
	9				10.1	10	0.138	0.996
	17				9.191	9.77	0.217	0.978
高压对低压	1				18.1	18.1	0.051	0.243
	9				17.56	17.6	0.193	0.255
	17				17.31	17.299	0.084	0.279
中压对低压					6.354	6.32	0.541	1.838

对损坏的导线非放电部位绝缘护套及新绝缘热缩带在热缩前后进行了耐压试验，新热缩带热缩缠绕后的耐受电压为 38kV（35kV 等级），非损坏的旧导线绝缘热缩带耐受电压值仅为 11kV，不能满足 35kV 的承受电压。具体数据如表 4-6-4 所示。

表 4-6-4　　　　热缩前后进行了耐压试验

绝缘材料名称	电压等级	热缩前耐受电压（kV）	热缩后耐受电压（kV）
绝缘热缩带	35kV	18	38
绝缘热缩带	10kV	12	26
旧绝缘热缩带	35kV	—	11

油色谱分析报告：该主变压器上一周期色谱分析时间为 2013 年 7 月 13 日，数据正常，短路故障后色谱数据无异常，具体数据如表 4-6-5 所示。

表 4-6-5　　　　2 号主变压器油色谱分析结果

取样日期	H_2	CO	CO_2	CH_4	C_2H_4	C_2H_6	C_2H_2
2013-07-13	9.71	713.72	4517.66	6.09	3.54	0.87	0
2014-03-13	7.98	423.54	2797.41	5.15	3.48	0.49	0

继电保护动作情况分析，具体数据如表 4-6-6 所示。

表 4-6-6　　　　继电保护动作情况

2 号主变压器保护 I	2 号主变压器保护 II
RCS978EA	RCS978EA
18ms 差动速断	18ms 差动速断
19ms 工频变化量差动	23ms 工频变化量差动
20ms 比率差动	24ms 比率差动

继电保护动作行为及过程分析：

（1）1、2 号主变压器保护 I 装置 RCS978EA。

2014 年 3 月 13 日 4 时 27 分 18 秒 900 毫秒，保护装置启动，18ms 后差动速断、工频变化量差动、比率差动动作，二次差流为 10.37I_e（保护定值差动保护为 0.4I_e，速断保护为 8.00I_e）。

（2）2 号主变压器保护Ⅱ装置 RCS978EA。

2014 年 3 月 13 日 4 时 27 分 18 秒 520 毫秒，保护装置启动，18ms 后差动速断、工频变化量差动、比率差动动作，二次差流为 10.35I_e（保护定值差动保护为 0.4I_e，速断保护为 8.00I_e）。

3.2 缺陷分析

（1）造成故障的直接原因：2014 年 3 月 13 日晚间，该地区天气寒冷，气温为－2℃，可能黄鼠狼进入变电站内攀爬至 2 号主变压器顶部取暖，当黄鼠狼到达 35kV B 相引线 0 号支瓶（主变压器出线第一个支瓶，在主变压器片散上部），黄鼠狼后腿位于支瓶底部槽钢，前腿搭至 0 号支瓶顶部（黄鼠狼身体长度为 71cm），形成导电通路，从而引发 0 号支瓶顶端一次引线与地间发生单相接地故障，由于电流作用，黄鼠狼身体随即弹起，搭至 A 相 0 号支瓶处，引发 A、B 相间短路故障。

（2）造成故障的间接原因为绝缘护套绝缘降低，未起到绝缘效果，造成通过黄鼠狼短路。绝缘热缩材料为厂家提供的一种特殊材质，具有一定的绝缘性能，但随着使用年限的增加，受太阳光照射等造成绝缘老化现象，其绝缘性能逐渐降低（耐压试验值仅为 11kV，绝缘严重降低，新热缩带为 38kV），使 0 号支瓶顶部裸露金属带电，一旦有放电通道就引发短路放电故障。35kV 引线热缩后采用直接压接方式不利于绝缘水平的保持。

变压器温度较高，经常存在鸟类在上部驻留，存在黄鼠狼习惯性在变压器处觅食的可能，造成黄鼠狼上到变压器顶部存在接地及短路故障风险。

4 采取的措施

（1）由于 35kV 引线绝缘热缩带存在时间较长绝缘性能降低的现象，主变压器停电检修时采用单条重复压接热缩且进行 2 遍缠绕的方式进行绝缘处理，增加其绝缘性能。

（2）针对主变压器支瓶顶部存在裸露金属，今后结合设备停电对支瓶顶部进行全绝缘热缩带热缩。

（3）通过近期黄鼠狼习惯性上主变压器的现象，以后结合主变压器停电，对主变压器中低压侧最近支瓶处全部采用电压等级最高的绝缘材质进行双绝缘处理。改变主变压器接地线开口位置使之尽量远离主变压器本体，减少发生短路故障概率。

（4）加强主变压器绝缘化改造工艺的验收，制定相应的热缩工艺及验收标准，保证热缩质量。

第五章 其 他 故 障

案例 5-1

110kV变电站1号主变压器瓦斯进水跳闸故障分析

1 情况说明

1.1 缺陷过程描述

2019 年 6 月 7 日，某 110kV 变电站 1 号主变压器有载调压重瓦斯动作，造成 1 号主变压器两侧断路器跳闸。

1.2 设备信息

（1）主变压器设备基本信息：

主变压器型号：SFZ8-40000/110。

制造厂家：常州变压器厂。

出厂时间：1997 年 10 月。

投运日期：1997 年 12 月 30 日。

（2）有载分接开关基本信息：

型号：ZY1A-Ⅲ500/60B±8。

制造厂家：贵州长征电器一厂。

出厂时间：1997 年 3 月 15 日。

投运时间：1997 年 12 月 30 日。

（3）有载瓦斯继电器基本信息：

型号：QJ4G-25。

制造厂家：沈阳变压器厂继电器分厂。

出厂时间：1996 年 9 月。

投运日期：1997 年 12 月 30 日。

2 检查情况

2.1 现场检查情况

2019 年 6 月 7 日，对 1 号主变压器进行直流电阻测量和绝缘电阻测量试验，直流电阻正常，但其绝缘电阻数据较低。同时，观察有载油枕处于满油位状态。对 1 号主变压器有载分接开关进行吊芯检查，并对有载气体继电器进行解体检查。检查发现，有载气体继电器二次

图 5-1-1 断裂的玻璃管和烧蚀严重的干簧接点

接线端子无异常，继电器油腔内充满黄色的油水混合物和杂质沉淀物，负责重瓦斯信号的干簧接点烧蚀严重，其外部玻璃管断裂，见图 5-1-1。

2.2 有载分接吊芯检查

有载分接开关大盖打开后，开关油室内与气体继电器相通处的开关芯体的支撑板上有部分黄色黏稠物，清理后发现其表面特殊涂层已剥离（见图 5-1-2），绝缘支撑杆有细微纵向裂纹。开关芯体上多处附着水滴，其余部分无结构性损伤，无放电痕迹，但用绝缘电阻表测得其主绝缘已降低。排净残油，用合格变压器油冲洗桶壁，油室内壁光滑无裂纹，无放电痕迹，静置一段时间后，转轴密封处有油渗出。根据吊芯检查情况和有载气体继电器内部情况分析可知，此次故障的根本原因是气体继电器和有载分接开关进水，且有载分接开关油室存在密封不严的缺陷。

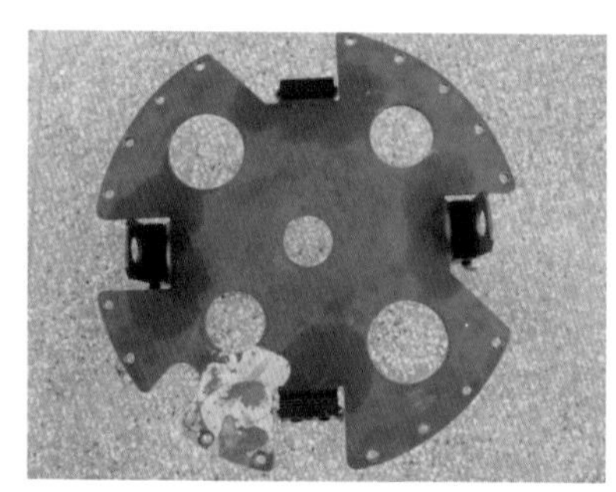 

图 5-1-2 开关芯体支撑板

2.3 检修情况及分析

将有载分接开关油枕及连管内的残油全部排净并用合格变压器油冲洗油枕及连管内壁，油枕上法兰处胶垫全部予以更换，更换校验合格的有载气体继电器，将开关芯体进行不低于48 小时的干燥处理，对于绝缘降低的支撑杆予以更换并测量主绝缘合格，用合格变压器油冲洗油室，更换转轴密封，观察并确保无内漏现象。复装开关芯体，注油、放气并调整为合适油位，冲洗箱体表面油迹，经高压试验班组对 1 号主变压器进行试验，试验数据合格，同时对 1 号主变压器采取油样化验，油样数据合格，1 号主变压器具备投运条件。

3 原因分析

1 号主变压器有载重瓦斯信号是导致其两侧开关跳闸的直接原因，但是根据开关吊芯结果，可知虽然芯体进水受潮，主绝缘降低，但并未发生放电及烧毁开关事故，开关油室内的油也就不可能向上冲击有载重瓦斯挡板，造成重瓦斯信号动作。并且，有载气体继电器的二次接线盒密封良好，不存在进水短路现象。所以，重瓦斯信号来源于有载气体继电器的干簧接点的异常接通。

图 5-1-3　有载油枕连管渗漏部位

1号主变压器有载气体继电器投运于1997年12月30日，已运行21年有余，服役时间过长，内部元件存在老化风险。其自身玻璃管的断裂同样不排除制造工艺不良问题。玻璃管断裂后使这对干簧接点从真空环境转为浸入不再纯净的变压器油中。现场检修中发现，1号主变压器有载分接开关油枕顶部与呼吸器相通的连管上的横向法兰和纵向法兰处有油迹（见图5-1-3）。这两处的法兰胶垫老化，存在密封不良的缺陷。

因为1号主变压器的有载分接开关油室存在内漏缺陷（即大气压使得主油箱的油会向开关油室渗漏），当主变压器的负荷较大或油温较高时，有载油枕油位上升至满油位后继续上溢至水平连管的顶部，油从密封不良的法兰处渗出。当主变压器的负荷较低或油温较低时，有载油枕油位逐渐下降至横面法兰以下，若外界气温较油温更低，潮湿的空气未经呼吸器而由两处法兰进入连管，继而在连管内壁形成凝结水，长期积累，水分会沉积于气体继电器的油腔和开关油室。

气体继电器内的水分造成继电器本身的铁元件锈蚀，形成锈渣，游离于油中。开关油室内的水分，使绝缘支撑杆受潮，芯体的主绝缘降低。另外，有载分接开关油室中的油除了有绝缘和冷却的作用，还担负着灭弧的职责。每一次调压动作，每一次灭弧都使得油中产生了游离碳。这些游离碳和锈渣共同组成了一条不稳定的导通通路。有载气体继电器的干簧接点通过这条时断时续的通路，频繁接通、断开，发出重瓦斯信号，导致保护动作，主变压器两侧开关跳闸，直至接点烧蚀严重，不再接通。

4　采取的措施

对于有载分接开关运行时间较长加强巡视检查，有老化现象的有载分接开关油枕上法兰处胶垫全部予以更换，更换不合格的有载气体继电器，存在内漏的有载分接开关，由于呼吸器硅胶浸油后，失去干燥作用，随油枕呼吸，容易进潮气并凝结成水，不及时处理，长期积累，会导致开关进水故障。所以，对有内漏的变压器有载分接开关，应及时进行处理。

案例 5-2

220kV 变电站2号变压器本体漏油缺陷分析处理

1　情况说明

1.1　缺陷过程描述

2016年1月24日10时46分，某220kV变电站2号主变压器轻瓦斯动作，现场检查发现2号主变压器保护屏ⅢNSR-374S非电量保护装置“本体轻瓦斯动作”光字牌亮，2号主变压器油池内有大片变压器油痕迹，本体北侧焊缝开裂（约 20cm 长 3mm 宽），裂开处有油不断流出。

1.2 缺陷设备基本信息

主变压器基本信息：

型号：SFPSZ8-120000/220。

生产厂家：保定变压器厂。

出厂日期：1997 年 11 月 1 日。

投运日期：1998 年 3 月 29 日。

2 检查情况

2 号主变压器本体北侧下部，高度大约 1/4 处焊缝开裂漏油（本体北侧焊缝开裂约长 20cm 宽 3mm）。变压器油是从加强筋板焊缝流出来的（见图 5-2-1），但该开裂的焊缝并不是渗漏点。漏点隐藏在位于加强筋板的里面，而不是加强筋与油箱的焊缝。由于外面看不到漏点，也无法处理，使用棉丝物塞进加强筋板焊缝，起不到封堵的效果，经与厂家联系，需要将变压器吊罩，才能进一步检查处理。具体原因也需要在吊罩检查后才能确定。

图 5-2-1　焊缝开裂漏油图

3 故障原因

2016 年 1 月 25 日上午，厂家技术人员赶到现场，介绍了 2 号主变压器加强筋板的结构、漏油原因以及施工建议。2 号主变压器本体见图 5-2-2。

图 5-2-2　2 号主变压器本体

筋板是用 8mm 厚的铁板加工成 U 形，将 U 形的边沿焊接在主变压器本体上，目的有两个，一是增加外壳强度；二是作为固定点，在上边安装散热片、管路支架等变压器附件。由于该筋板与变压器油没有直接联系，所以在场内焊接时只考虑了机械强度，没有考虑密封性，造成筋板与变压器周边密封不良，水便顺着周边细小缝隙进入 U 形筋板内，日积月累，积少成多，便会充满内部空间。

主变压器正常运行时，一般负荷在30%～50%情况下，即便是在冬季，铁芯温度都能接近30℃，这时，留存在U形筋板内部的水分以液态形式存在，对变压器运行没有丝毫影响。

但是，如果遇到特别寒冷的季节，特别是在极端天气下，变压器的温度将会下降；如果用电负荷很小，主变压器本体油温还会继续降低，今年1月24日，持续的降温使得环境温度在－16～－7℃，创造了30年来新低。2号主变压器绕组上层油温下降到8℃，表皮温度低于0℃。

在持续低温的影响下，U形筋板内的水分便凝固成冰，巨大的膨胀力撕裂了主变压器本体，本体内的变压器油与U形筋板内部联通，塞满空间的冰封住了这些漏点，使得变压器油在非常寒冷的早晨并没有渗出，而是到了上午11时左右，随着气温的升高，U形筋板内部凝固的冰开始融化，变压器油和冰水混合物便顺着焊缝渗漏出来。这就是为什么接在漏油处的塑料桶底部有结冰的现象。

4 防范措施

针对U形筋板进水情况进行了排查，采用敲击的办法判断内部是否进水，采用电钻对U形筋板下部进行钻眼释放内存水，防止环境温度降低结冰对箱体再造成影响，如图5-2-3所示。

图5-2-3　打孔部位及孔洞

案例5-3

220kV变电站1号主变压器重瓦斯动作分析报告

1 情况说明

1.1 缺陷过程描述

2018年6月某220kV变电站1号主变压器重瓦斯动作，跳开211、111断路器。110kV所带负荷全部自投成功，无负荷损失。现场检查1号主变压器瓦斯内有大量气体，油色谱及电气试验无异常。

1.2 缺陷设备基本信息

设备基本情况：该主变压器原在另一变电站运行，因抗短路能力不足，返原厂常州西电变压器有限责任公司对高、中、低压绕组进行改造。2017年5月改造后轮换至该站。型号为SFSZ10-180000/220，2017年5月16日投运，自设备投运后，尚未安排停电检修工作。

2 检查情况

2.1 故障前运行方式

某220kV变电站为户外组合电器安装型式，分220kV/110kV/35kV三个电压等级，220kV为双母线接线，110kV为双母线接线，35kV为单母分段。正常两台主变压器分列运行，因2号主变压器抗短路能力不足，列入2018年大修项目，6月23日停电大修，故障时该主变压器单变运行带全站负荷。

故障当日天气：晴。

2.2 现场检查情况

（1）设备外观检查。

该220kV变电站1号主变压器气体继电器（双浮球继电器）内存有大量气体，气体充满气体继电器上部视窗。变压器所有阀门，均处于正确状态；呼吸器正常工作，主油枕油位为6.5/10；变压器排油注氮装置未启动，气瓶压力正常；油色谱在线检测装置工作正常。

（2）保护动作情况。

2018年6月24日22时18分，1号主变压器重瓦斯动作，跳开211、111断路器。保护动作情况见图5-3-1。

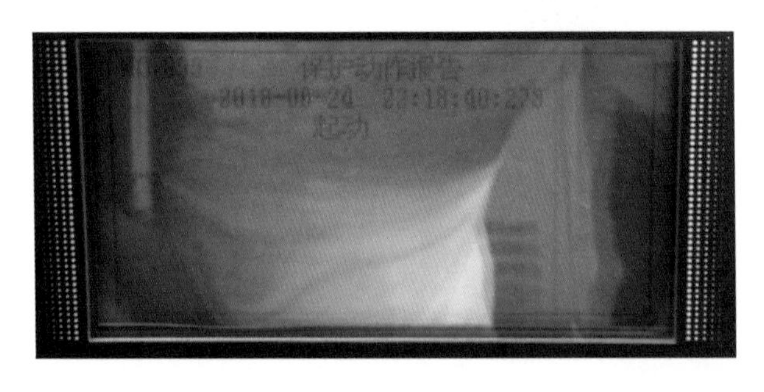

图5-3-1 保护动作情况

（3）电气试验情况。

该主变压器气体继电器动作后，对1号主变压器进行绝缘油色谱检测、瓦斯内存气检测以及电气试验。

1）油色谱检测包括变压器本体上、中、下部位绝缘油检测情况，见表5-3-1。

表 5-3-1　　　　绝缘油色谱检测　　　　ML/L

设备名称	采样日期	采样部位	H_2	CO	CO_2	CH_4	C_2H_4	C_2H_6	C_2H_2	总烃	备注
1号主变压器	2017-5-23	下部	0	10.77	122.94	0.45	0.15	0	0	0.6	电气试验前
	2017-5-24	下部	0	1.67	94.24	0.2	0	0	0	0.2	局放后
	2017-5-27	下部	0.52	2.37	127.76	0.36	0.25	0.22	0	0.83	送电第一天
	2017-6-10	下部	5.52	2.34	225.86	2.58	0.31	0.39	0	3.28	主变压器监测
	2017-10-30	下部	15.3	81.21	436.94	4.2	0.33	0.48	0	5.01	主变压器监测
	2018-4-10	下部	6.56	85.305	422.82	2.53	0.63	0.546	0	3.708	主变压器监测
	2018-6-25	下部	6.5	132.16	473.05	3.11	0.5	0.61	0	4.22	故障后，3：40
	2018-6-25	中部	6.38	117	433.76	2.83	0.48	0.54	0	3.85	故障后，3：40
	2018-6-25	下部	7.43	142.46	540.92	3.27	0.54	0.66	0	4.47	故障后，8：00
	2018-6-25	中部	6.02	129.59	481.95	3.11	0.49	0.85	0	4.45	故障后，8：00
	2018-6-25	上部	7.13	134.01	504.16	3.26	0.5	0.56	0	4.32	故障后，8：00

2）瓦斯内存气气体成分检测，见图 5-3-2。

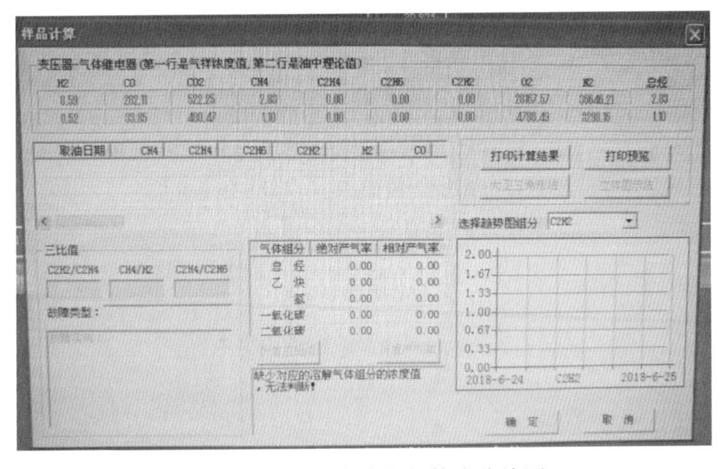

图 5-3-2　瓦斯内存气气体成分检测

3）电气试验项目包括直流电阻、绝缘电阻、绕组介质损耗及电容量、低电压短路阻抗、频响法绕组变形，见表 5-3-2～表 5-3-7 和图 5-3-3～图 5-3-5。

表 5-3-2　　　　主变压器电气试验报告

变电站	某 220kV 变电站	运行编号	1号	委托单位	电气试验一班
试验单位	电气试验一班	试验性质	诊断性	试验日期	
编制人		审核人		批准人	
试验天气	晴	温度（℃）	27	湿度（%）	56
报告日期	2018-06-25	试验人员		林长海，郭鑫，李士彬	

设备名称	1号主变压器压器	出厂编号	2017063005	出厂日期	2017-05-25
相别	ABC	生产厂家		额定容量	180
型号	SFSZ10-180000/220	额定电压	230	电流组合	
容量组合		电压组合		空载损耗（kW）	97.39

续表

阻抗电压（%）	高—中	13.3	负载损耗（kW）	高—中	496.5	空载电流（%）	0.14
	高—低	23.37		高—低	68.9		
	中—低	8.03		中—低	56.2		

表 5-3-3　　直流电阻报告

温度：27.0℃　湿度：56.0%　油温：40.0℃

绕组直流电阻（高压绕组—星形连接）（mΩ）	A-O	A-O（75℃）	B-O	B-O（75℃）	C-O	C-O（75℃）	不平衡率（%）
1	406.9	458.6873	406.8	458.5746	405.9	457.5600	0.2460
2	402.2	453.3891	401.8	452.9382	401.1	452.1491	0.2738
3	396	446.4000	396.2	446.6255	395.3	445.6109	0.2274
4	391.1	440.8764	391.4	441.2145	391.5	441.3273	0.1022
5	385.8	434.9018	385.5	434.5636	384.4	433.3236	0.3634
6	379.9	428.2509	380.5	428.9273	379.4	427.6873	0.2895
7	374.1	421.7127	374.7	422.3891	373.6	421.1491	0.2940
8	369.3	416.3018	369.9	416.9782	368.9	415.8509	0.2707
9	363.1	409.3127	363	409.2000	361.6	407.6218	0.4137
10	368.7	415.6255	369.2	416.1891	368.1	414.9491	0.2984

试验仪器：　变压器直流电阻测试仪　　　仪器编号：　12015

项目结论：　合格

绕组直流电阻（中压绕组—星形连接）（mΩ）	Am-Om	Am-Om（75℃）	Bm-Om	Bm-Om（75℃）	Cm-Om	Cm-Om（75℃）	不平衡率（%）
1	78.21	88.1640	78.06	87.9949	78.29	88.2542	0.2942

试验仪器：　变压器直流电阻测试仪　　　仪器编号：　12015

项目结论：　合格

绕组直流电阻（低压绕组—三角形连接）（线电阻）（mΩ）	a-b	b-c	c-a	不平衡率（%）
1	21.6	21.57	21.65	0.3703

试验仪器：　变压器直流电阻测试仪　　　仪器编号：　12015

项目结论：　合格

表 5-3-4　　绝缘电阻报告

温度：27.0℃　湿度：56.0%　油温：40.0℃

绕组绝缘电阻（三绕组）	高压对中低压及地	中压对高低压及地	低压对高中压及地
R15（MΩ）	38000	23000	28000
R15（20℃）（MΩ）	85500.0000	51750.0000	63000.0000
R60（MΩ）	53000	30100	37300
R60（20℃）（MΩ）	119250.0000	67725.0000	83925.0000
吸收比	1.3947	1.3087	1.3321

表 5-3-5　**绕组介质损耗及电容量**

温度：27.0℃　湿度：56.0%　油温：40.0℃			
绕组介质损耗及电容量（三绕组）	高压对中低压及地	中压对高低压及地	低压对高中压及地
介质损耗 tanδ（%）	0.152	0.161	0.168
20℃时介质损耗 tanδ（%）	0.0899	0.0953	0.0994
电容量（pF）	13180	18590	21310
电容量初值（pF）	13250	18660	21380
电容量变化率（%）	-0.5283	-0.3751	-0.3274

表 5-3-6　**低电压短路阻抗（负载损耗）**

温度：27.0℃　湿度：56.0%　油温：40.0℃									
低电压短路阻抗（负载损耗）	A			B			C		
	高—低	高—中	中—低	高—低	高—中	中—低	高—低	高—中	中—低
加压相	A	A	A	B	B	B	C	C	C
电压（V）	264.1	194.9	33.02	262.6	193.8	33.24	264.1	195.1	33.61
电流（A）	3.871	5.016	5.062	3.841	4.965	5.107	3.856	5.003	5.124
载损耗（W）	10.286	14.546	4.8433	14.037	18.483	5.1663	17.14	22.779	5.3024
阻抗电压（%）	23.226	13.231	8.0204	23.278	13.291	8.0047	23.304	13.284	8.0668
阻抗电压偏差（%）	0.614	0.517	0.118	0.391	0.066	0.314	0.209	0.118	0.458
试验仪器：　变压器绕组变形测试仪（电抗法）　仪器编号：　20051173									
项目结论：　合格									

表 5-3-7　**频响法测绕组变形**

温度：27.0℃　湿度：56.0%　油温：40.0℃									
频响法绕组变形	A			B			C		
	高压	中压	低压	高压	中压	低压	高压	中压	低压
测试图谱及相关系数	见图 3	见图 4	见图 5	见图 3	见图 4	见图 5	见图 3	见图 4	见图 5
测试挡位	1 分接	1 分接	1 分接	1 分接	1 分接	1 分接	1 分接	1 分接	1 分接
试验仪器：　绕组变形频响测试仪　仪器编号：　231071									
项目结论：　合格									

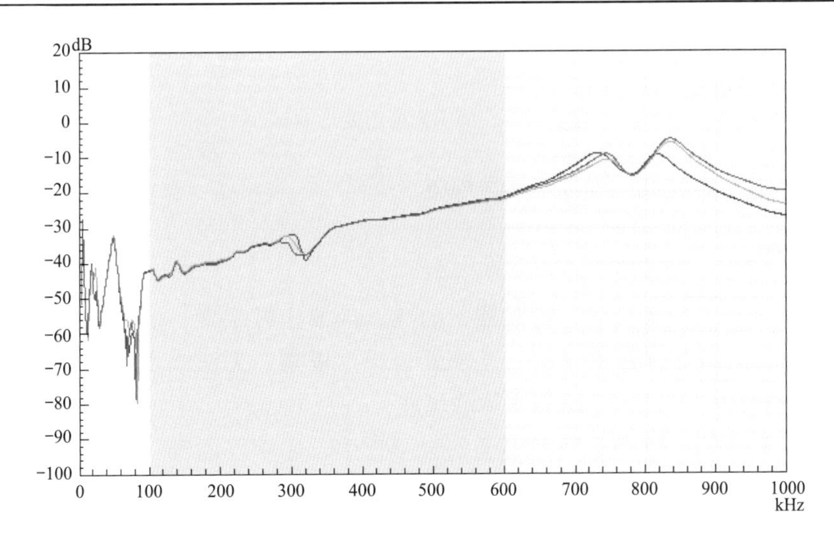

图 5-3-3　高压侧绕组变形测试

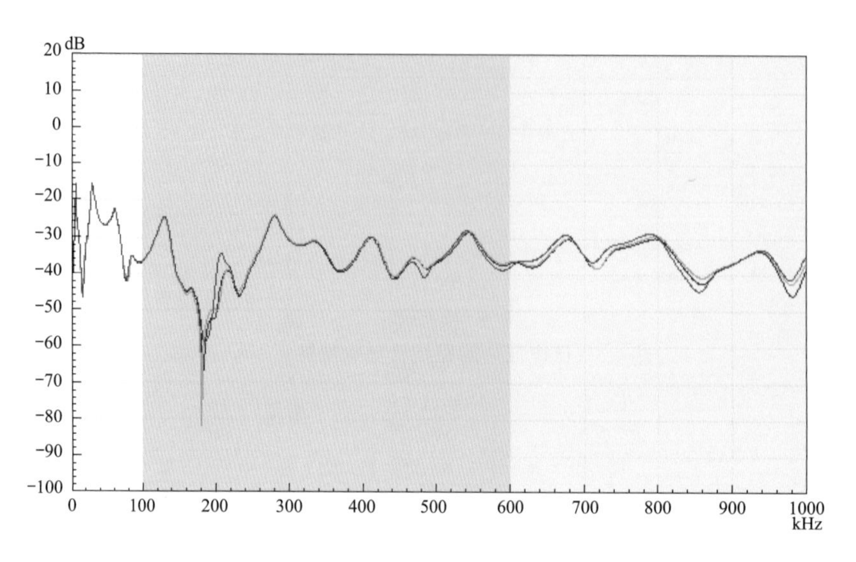

图 5-3-4　中压侧绕组变形测试

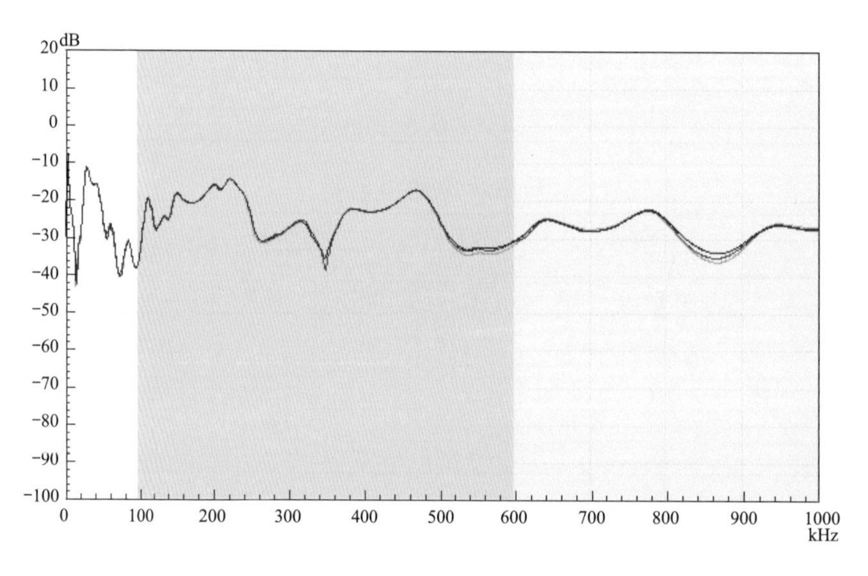

图 5-3-5　低压侧绕组变形测试

以上检测结果未见异常，均符合规程标准要求。

3　原因分析

对该站 1 号变压器所有阀门、呼吸器、油枕、排油注氮装置、油色谱在线检测装置等所有附件进行检查，均处于良好状态。变压器自投运以来，无渗漏现象、未安排停带电工作，运行中不会出现空气进入变压器本体的可能。

参会人员一致认为，该主变压器现场安装过程中，变压器内部（非铁芯和线圈）进入空气，空气留存在变压器顶部稳钉（见图 5-3-6）或箱体侧突出部位（见图 5-3-7）等无法排净空气且局放试验无法感应的地电位“死区”内。投运前虽经反复排放，仍留存大量气体无法排出。6 月 24 日，低压侧故障导致变压器发生振动，主变压器油流涌动破坏死区内气体平衡，油的波动带动部分“死区”内气体离开“死区”上浮。这些气体在随箱壁上升过程中，在箱壁某处逐步集合形成气团，当气团聚集足够大后克服阻力进入气体继电器，导致主变压器轻、重瓦斯回路启动，跳开 211、111 断路器。

图 5-3-6　变压器顶部稳钉

图 5-3-7　箱体侧突出部位

试验数据、保护报告结果分析：

绝缘油色谱检测与电气试验检测结果未见异常，均符合规程标准要求。瓦斯内存气检测主要含量为氮气和氧气，符合空气气体特性。气体继电器动作过程如下：

该主变压器为排油注氮灭火变压器，安装反措要求使用双浮球气体继电器。双浮球继电器信号和重瓦斯启动共三种方式：一是气体继电器内进入少量气体，导致气体继电器内“上浮球”随着油位下沉而下降，瓦斯内气体容量达到 100～200cm^{3}时触动轻瓦斯信号；二是大量气体或气体继电器缺油，导致下浮球随着油位下降触动重瓦斯信号；三是油流涌动推定气体继电器挡板，触发重瓦斯信号。其中下浮球触动重瓦斯信号与推动挡板触发重瓦斯信号可共同触发重瓦斯信号。

本次变压器低压侧故障后，变压器内“死区”存气形成一个较大气团涌入双浮球气体继电器，短时间内充满双浮球气体继电器，导致上下浮球同时下沉触发轻瓦斯和重瓦斯回路。随着气团逐渐上行，部分气体涌入油枕，部分气体存留气体继电器内。

综合原因分析：

（1）结合运维经验，未见有空气造成重瓦斯跳闸事件，可定性为偶发事件。

（2）在变压器设计中，未考虑在稳钉、箱体侧突出部位等设置放气堵或放气堵布置位置非最高点，导致变压器内存在无法排净空气的“死区”，安装过程中虽反复放气仍无法排净变压器“死区”内空气。变压器设计漏洞导致变压器内存在无法排净的空气是造成本次事故的根本原因。

（3）变压器低压侧发生故障后，变压器发生振动，内部空气涌入气体继电器引发重瓦斯动作，是造成本次事故的主要诱因。

4 采取的措施及建议

（1）故障设备本身治理措施计划。该变压器经过低压侧故障冲击，使变压器“死区”内部空气随油流融入油枕，变压器内空气已经排除。

（2）同类型设备排查治理措施及计划。变压器投运前需要进行反复排气，针对箱体顶部大法兰如稳钉，除使用放气堵放气外，可松动法兰较高侧螺栓，排出高于放气堵位置的空气。针对箱体侧突出部位等未设置放气堵的部位，可松动附近法兰（最好是立面法兰）螺栓，多放些油，排出附近空气。

（3）设备前期管理（设计、技术协议、入网验收）方面措施。针对该主变压器重瓦斯动作事件，结合美国验收变压器内残留空气的检验经验，建议在变压器出厂验收环节，增加变压器排气试验。即使用针管在变压器底部随机选取至少四个部位，注入一定刻度的空气。在变压器瓦斯处收集气体与注入气体进行比对，判断注入气体是否全部顺利进入气体继电器。